普通高等教育"十四五"系列教材

AutoCAD 2020 工程应用

主 编 南 波 姚名泽

U0217404

中国水利水电出版社
www.waterpub.com.cn
·北京·

内 容 提 要

本教材以 AutoCAD 2020 中文版为基础，从工程实际应用的角度，结合建筑制图相关理论，循序渐进地设计了 14 个章节，主要包括：AutoCAD 2020 基础、绘图基本设置、基本绘图命令、基本编辑命令、图案填充、文本编辑、尺寸标注、块与外部参照设计、设计中心与辅助功能、绘制三维模型、三维模型、绘制建筑施工图、图形的输出与打印、综合案例（三居室设计方案）。本书所选案例均来自实际工程，包含水利、建筑和机械行业等典型图例和结构，内容实用。在章节结尾配有练习题，便于读者巩固所学知识点。同时，为使得初学者快速掌握计算机绘图知识点，本教材提供了配套的教学小视频。

本教材既可作为高等学校相关专业的入门级教材，又可作为从事计算机绘图相关工作人员的参考书。

图书在版编目（ＣＩＰ）数据

AutoCAD2020工程应用 / 南波，姚名泽主编. -- 北京 ： 中国水利水电出版社，2024.4
普通高等教育"十四五"系列教材
ISBN 978-7-5226-2324-5

Ⅰ．①A… Ⅱ．①南…②姚… Ⅲ．①工程制图—AutoCAD软件—高等学校—教材 Ⅳ．①TB237

中国国家版本馆CIP数据核字(2024)第106727号

书　　名	普通高等教育"十四五"系列教材 **AutoCAD 2020 工程应用** AutoCAD 2020 GONGCHENG YINGYONG
作　　者	主编　南　波　姚名泽
出版发行	中国水利水电出版社 （北京市海淀区玉渊潭南路 1 号 D 座　100038） 网址：www.waterpub.com.cn E - mail：sales@mwr.gov.cn 电话：(010) 68545888（营销中心）
经　　售	北京科水图书销售有限公司 电话：(010) 68545874、63202643 全国各地新华书店和相关出版物销售网点
排　　版	中国水利水电出版社微机排版中心
印　　刷	清淞永业（天津）印刷有限公司
规　　格	184mm×260mm　16 开本　16.75 印张　429 千字
版　　次	2024 年 4 月第 1 版　2024 年 4 月第 1 次印刷
印　　数	0001—2000 册
定　　价	**48.00** 元

前　言

AutoCAD 是美国 Autodesk 公司出品的一款优秀的计算机辅助设计软件，广泛应用于建筑、机械、水利、电子以及装潢等领域，已成为工程技术人员必须掌握的设计工具之一。在大部分高等院校开设的工程制图类课程中，AutoCAD 内容均是一个必要的组成部分。

本教材面向 AutoCAD 零基础学者，参考了现有大多数计算机制图类教材的优点，在编写的过程中融入了多年一线教学经验，选取工程实践中常用的图例，并录制了 50 余个教学小视频，可实现手把手实操教学，实用性较强。学生可以通过手机扫描书中的二维码，随时随地进行学习，提升学习效率。

教材编者均来自高校，具有多年讲授工程制图以及 AutoCAD 课程的授课经验。实践表明，软件仅仅是一个辅助设计的工具，在学习 AutoCAD 的过程中，还必须与画法几何及工程制图相结合，同时了解相关行业的工程实例。本教材以这一目标为出发点，按照画法几何及工程制图各环节的需要并结合相关工程实例编写而成，力图使理论教学和实际应用相辅相成。

本教材具有以下几个特色：

（1）紧密结合工程实例，所举案例均来自于工程实例中的典型图例和结构。结合 AutoCAD 适当讲述了一些工程设计和制图的基本常识与规范，可作为制图课的辅助教材。

（2）在内容安排上，循序渐进，由浅入深。在内容的选择上尽量精简，以够用为原则，使读者能在短时间内掌握 AutoCAD 的基本功能和使用技巧，深入领悟 AutoCAD 的绘图思路，有利于学生举一反三。

（3）在内容组织上，体现理论与实践紧密相连，引入了大量的工程实例，方便教师安排授课内容，在章节后设置有上机操作和练习题，有助于学生巩固学习内容，测试对本章节的掌握程度，提高解决问题的能力。

（4）专业适用面广，所选工程实例涵盖水利、建筑以及机械专业的工程制图，可供这些专业的学生学习选用。

（5）顺应工程计算机制图领域应用技术的发展，本教材用较大篇幅介绍了三维参数化实体设计。通过计算机三维造型，学生可掌握三维建模技术，同时可提高空间思维能力和读图能力，使得枯燥的制图课程变得有趣味性。

本教材由南波、姚名泽任主编，张峰、徐占洋、孙迪、王宏杰、王超、史文璐、杨蒙蒙、舒铮、杨志坚、邱冶任副主编。其中，孙迪编写第 1 章和第 2 章，徐占洋编写第 3 章和第 4 章，史文璐编写第 5 章，杨蒙蒙编写第 6 章，张峰编写第 7 章，邱冶编写第 8 章，舒铮编写责第 9 章，姚名泽编写第 10 章，王超编写第 11 章，王宏杰编写第 12 章，南波编写第 13 章，杨志坚编写第 14 章，全书由南波统稿。

由于编者水平有限，书中难免有不足之处，恳请读者批评、指正。

编者

2024 年 1 月

目　录

常见疑难问题、快捷键、常用命令

第 1 章 AutoCAD 2020 基础

AutoCAD 2020 是美国 Autodesk 公司推出的一款通用的计算机辅助设计软件,是常见和有效的绘图工具,具有符合人性化的设计界面和操作方式,能最大限度地满足用户的需要。它使用方便、适用性强,具有强大的二次开发功能,已广泛应用于机械、土木、建筑、城市规划、电子、航空等领域,大大提高了设计效率,成为当前应用最为广泛的软件之一。

1.1 软件的主要功能

AutoCAD 2020 是一款功能很强的绘图软件,主要在计算机上使用,它能根据用户的指令迅速而准确地绘制所需要的图样,可以进行多文档管理。用户可以在屏幕上对多张图样进行操作,快速调用已有的资源,并输出清晰的图纸。AutoCAD 2020 的主要功能如下:

(1) 完善的图形绘制功能。用户可以通过键盘输入命令及相关信息、选取系统提供的菜单命令或单击工具栏中的相关按钮等方法,迅速而准确地绘制图形。与传统的绘图工具相比,AutoCAD 2020 是一种高效的绘图工具,大大减轻了绘图的工作量。

(2) 强大的图形编辑功能。AutoCAD 2020 的强大功能不仅体现在绘图上,更主要的是具有对已经绘制好的图形进行编辑和修改的能力,可以对一个或多个文件进行修改,图形可以在编辑过程中删除、复制、移动、旋转等,还可以改变线型和线宽等。

(3) 图形的显示功能。AutoCAD 2020 可以在屏幕上任意调整图形的显示比例,用户可以方便地将图形放大或缩小,观察图纸的局部或全貌,还可以同时打开多个图形文件,并在多个图形之间快速复制图形和图形特性。

(4) 文字和尺寸输入功能。文字和尺寸的输入是图样中不可缺少的部分,它能和图形一起表达完整的设计思想。AutoCAD 2020 具备强大的文字处理功能,支持 TrueType 字体和扩展的字符格式等。尺寸标注的样式用于控制尺寸的外观形式,是一组尺寸参数,这些参数可以在对话框中直接修改,使用时能自动测量、精确标注。

(5) 打印输出功能。计算机绘图的最终目的是将图形输出打印在图纸上,AutoCAD 2020 可以与不同品牌、不同型号的常见绘图仪和打印机连接,输出高质量的图纸。

(6) 三维造型和渲染功能。AutoCAD 2020 有较强的三维造型和渲染功能,可以绘制三维图形的模型,编辑方便,可以动态地进行观察。

(7) 高级扩展功能。AutoCAD 2020 中包含了一系列具有程序形式的文件,如形文件、菜单文件、命令文件、AutoLISP 等,可以完成计算与自动绘图功能,使绘图工作趋于自动化和程序化。用户还可以使用 C、C++、VB 等编程语言来处理比较复杂的问题或进行二次开发。

1.2　软件的安装、启动与退出

AutoCAD 2020 软件的安装步骤如下：

（1）双击下载好的 AutoCAD 2020 安装包中的安装程序，弹出"安装"对话框，如图 1.1 所示。

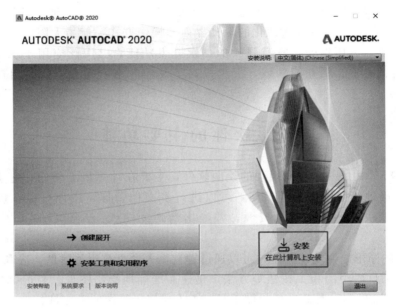

图 1.1　"安装"对话框

（2）单击"安装"，弹出"我接受"对话框，如图 1.2 所示。

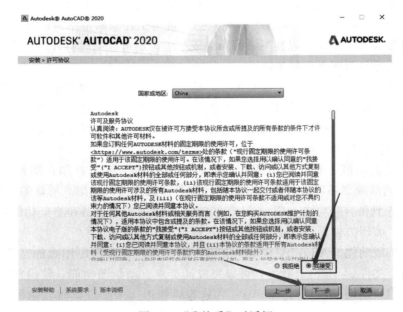

图 1.2　"我接受"对话框

（3）选择"我接受"，然后单击"下一步"按钮，弹出"安装路径"对话框，如图 1.3 所示。

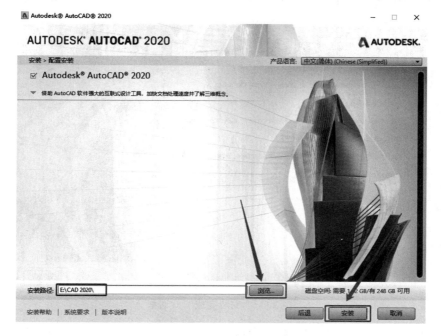

图 1.3 "安装路径"对话框

（4）单击"浏览"按钮更改软件安装路径，建议安装到除 C 盘以外的磁盘分区，可在 E 盘或其他盘里面新建一个 CAD 文件夹，设置好安装路径后单击"安装"按钮，弹出"安装进度"对话框，如图 1.4 所示。安装好后，弹出"安装完成"对话框，如图 1.5 所示。

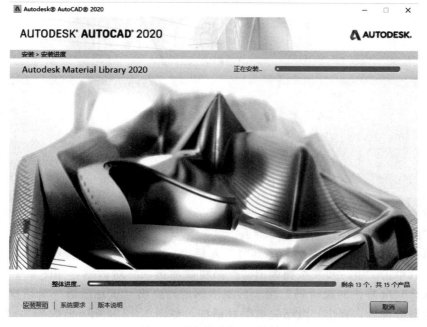

图 1.4 "安装进度"对话框

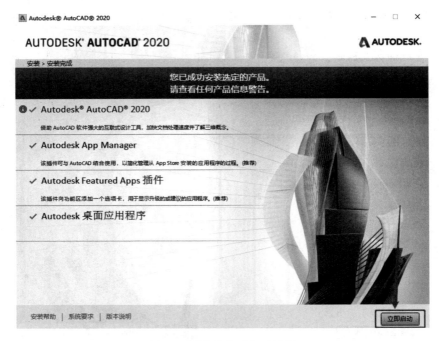

图 1.5　"安装完成"对话框

（5）单击"立即启动"按钮，弹出"输入序列号"对话框，如图 1.6 所示。

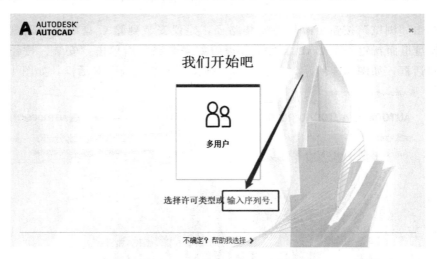

图 1.6　"输入序列号"对话框

　　（6）单击"输入序列号"，弹出"我同意"对话框，如图 1.7 所示。再单击"我同意"按钮弹出"激活"对话框，如图 1.8 所示。

　　（7）单击"激活"按钮弹出"序列号"对话框，如图 1.9 所示。然后输入序列号和密钥，输入好后单击"下一步"按钮弹出"产品可激活选项"对话框，如图 1.10 所示。单击"我具有 Autodesk 提供的激活码"输入后激活码后，弹出"正在激活"对话框，如图 1.11所示。等待数分钟后，弹出"激活完成"对话框，如图 1.12 所示，此时单击"完成"按钮结束 AutoCAD 2020 安装。

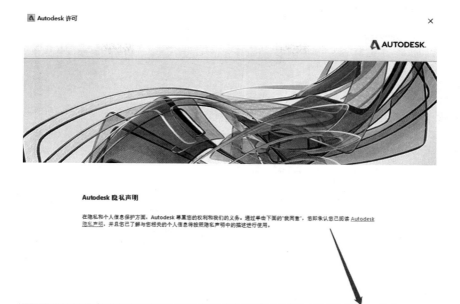

图 1.7 "我同意"对话框

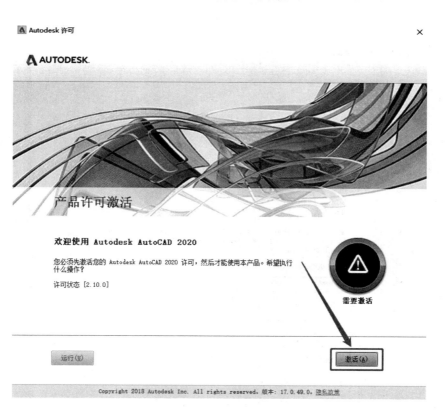

图 1.8 "激活"对话框

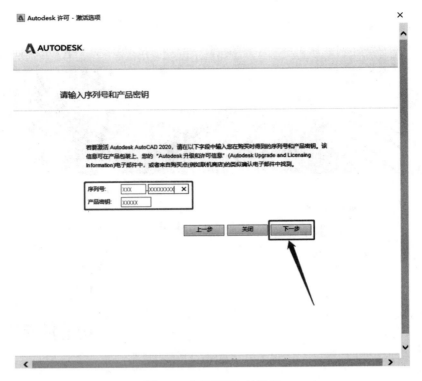

图 1.9　"序列号"对话框

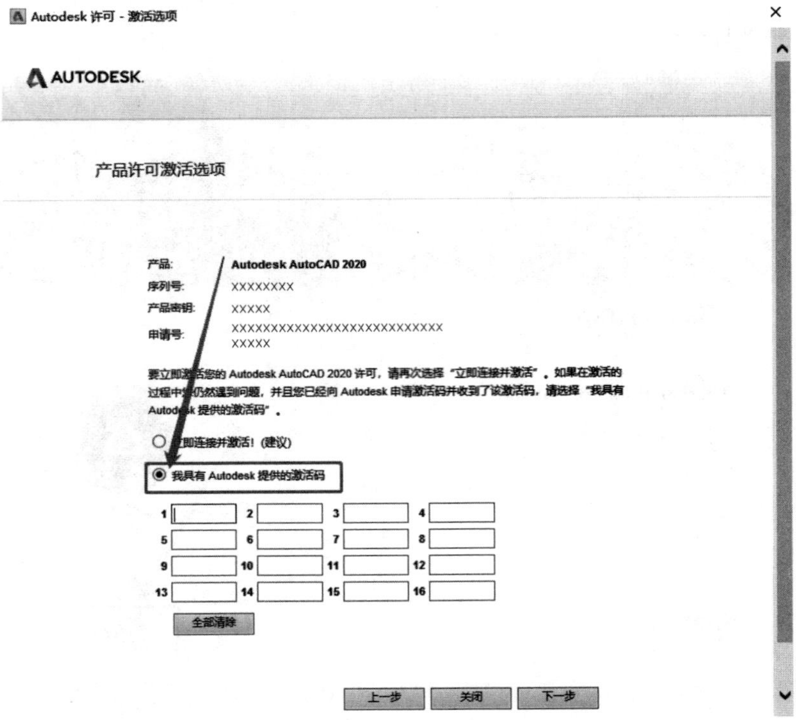

图 1.10　"产品许可激活选项"对话框

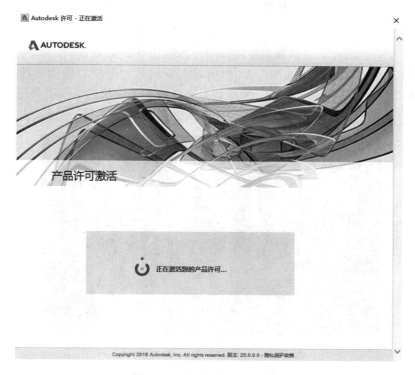

图 1.11 "正在激活"对话框

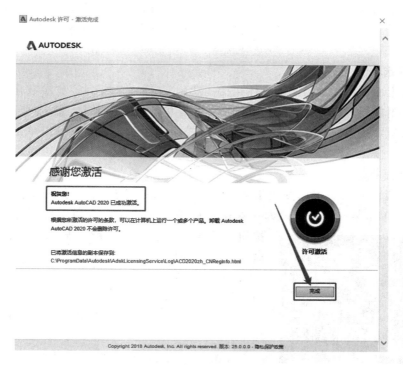

图 1.12 "激活完成"对话框

1.3　工　作　界　面

AutoCAD 2020 的工作界面如图 1.13 所示，主要包括标题栏、功能区选项卡、功能区面板、绘图窗口、十字光标、坐标系、命令行、文件选项卡、快速访问工具栏、应用程序状态栏等。

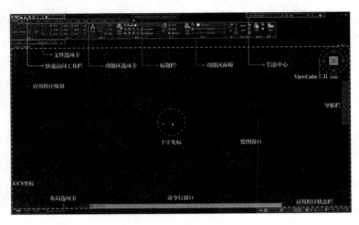

图 1.13　AutoCAD 2020 的工作界面

1. 标题栏

标题栏位于 AutoCAD 2020 工作界面的中间最上方，在标题后显示当前图形文件名，利用标题栏右边的三个按钮，可以分别实现当前文件的最小化、还原（或最大化）、关闭等操作。

2. 功能区选项卡

功能区最上面一行是选项卡，具体包括"默认""插入""注释""参数化""视图""管理""输出""附加模块""协作""精选应用"等。单击某个选项卡，在选项卡下面会显示其包含的所有面板，每个面板中显示的是图标形式的常用命令，用户可以单击这些图标进行操作。

3. 功能区面板

功能区面板由一系列图标按钮组成，每一个图标按钮形象化地表示了一条 AutoCAD 2020 的命令，单击某一个按钮，即可快速地调用相应的命令。如果把鼠标指向某个图标按钮并停顿一下，屏幕上就会显示出该图标所代表的命令名称。如用户想画直线，可将鼠标移动到"绘图"工具栏上的第一个按钮，可以看到工具栏上出现了"直线"的提示，如图 1.14 所示，单击该按钮后，命令行中就输入了画直线的命令，用户就可以开始画直线了。

AutoCAD 2020 提供了 10 个功能区，几乎涵盖了下拉菜单中的所有命令，如图 1.15 所示，用户可以根据需要选择打开常用的几个。

图 1.14　"绘图"功能区输入
画直线命令

图 1.15　功能区面板示意图

4. 绘图窗口

屏幕中间最大的空白区域是绘图的地方，相当于绘图的图板，当然不能用图板的概念来简单理解 AutoCAD 中的绘图区域，要用空间的概念来理解。因为虽然是用 AutoCAD 绘图，但其实是用 AutoCAD 来建模。AutoCAD 提供给我们的是一个和现实世界一样大小的空间，在 AutoCAD 中绘图，并不存在图板绘图中的计算比例和转换工作。可以以实际大小建立一个虚拟的建筑模型，使计算机中的虚拟建筑和实际想建造的建筑物的尺寸完全一致，只有在将计算机中的模型打印成图纸时，才需要设置比例将所画的内容缩小到规定的纸张上。

5. 十字光标

绘图区中有两条交叉直线，在其交叉点处有一个小方框，交叉直线和小方框组成十字光标，如图 1.16 所示。

交叉直线称为十字线，或称为"点拾取器"，用它在屏幕上确定点的位置。小方框称为拾取框，可以用于拾取对象，或用来选择屏幕上的物体。用户可以自行设置十字线和拾取框的大小。

图 1.16　十字光标

有时候十字线和拾取框以单独的方式显示，以完成不同的功能。在计算机待命状态下，他们同时显示，并以十字光标的方式组合在一起，当鼠标移动时，十字光标随之而动。

在绘图区中，十字光标指示当前工作点的位置，当光标移出绘图区指向功能区选项卡、功能区面板等项时，光标显示为箭头，用于拾取所选的对象。

6. 坐标系

坐标系图标在绘图区的左下角，AutoCAD 2020 默认显示的是世界坐标系（WCS），它的原点位于（0，0，0），X 轴向右为正，Y 轴向上为正，Z 轴垂直于当前屏幕指向用户方向为正。WCS 是唯一的且不能被改变，其他坐标系都可以依其建立，用户自定义的坐标系称为用户坐标系（UCS）。

7. 命令行

屏幕的底部可以看到一个显示文本的窗口，用户也可根据需要设置显示更多的行，用户输入的任何命令都将显示在命令行中，所有的命令可通过命令行的输入来执行。若用户使用菜单项或工具栏按钮来执行一条命令时，命令行中也会自动显示其英文名称。命令行是用户与 AutoCAD 2020 对话的地方，用户可以通过查看命令行的提示以了解 AutoCAD 2020 执行命令的步骤。

8. 应用程序状态栏

屏幕的最下方是状态栏，如图 1.17 所示，它显示当前的绘图状态。随着鼠标的移动，坐标值也随之发生变化。最右边是控制模式按钮开关，这些开关显示了辅助绘图工具捕捉、栅格、正交、极轴、对象捕捉、对象跟踪、线宽等情况，以及用户当前是在模型空间还是在图纸空间工作等。

图 1.17　状态栏

1.4　基　本　操　作

1.4.1　启动

启动 AutoCAD 2020 绘图软件，进入图 1.18 所示的 AutoCAD 2020 的工作界面，启动方式有以下三种：

图 1.18　AutoCAD 2020 的工作界面

（1）双击桌面上 AutoCAD 2020 图标，即出现 AutoCAD 2020 的工作界面。

（2）执行"开始"菜单，选择"程序"，找到 Autodesk，单击 AutoCAD 2020。

（3）找到一个图形文件"∗.dwg"，打开该文件。

1.4.2　鼠标的使用

（1）左键的使用。左键一般是单击键，利用光标拾取指定点的空间位置或选择物体，或选择菜单命令。

（2）右键的使用。根据不同的工作状况，右键操作情况会有所不同。一般用于结束命令、显示快捷菜单、显示物体捕捉菜单或显示工具条对话框。

（3）滚轮的作用。滚轮的作用见表 1.1。

表 1.1　　　　　　　　　　　　　滚　轮　的　作　用

功　能	动　作	功　能	动　作
放大	向外旋转滚轮	扩展到最大	双击中键，将画面扩展到最大
缩小	向内旋转滚轮	平移	按住中键并拖动

1.4.3　一般命令

AutoCAD 2020 中命令的输入方法有以下三种：

（1）从功能区面板中选取。从功能区中单击要选取的命令名称，如画直线时选择"绘图"→"直线"，如图 1.19 所示。

（2）从键盘输入。在命令行中的"命令"状态下，输入命令的英文名称，然后单击空格键或回车键。有些命令在输入时可以缩写，如画直线时，可输入命令"LINE"，也可输入"L"。

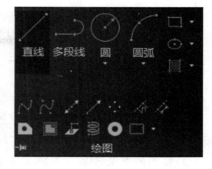

图 1.19　从功能区面板中
选取画直线命令

输入命令时，命令前有一下划线，如"_line"，其功能与"LINE"等同。键盘输入时不分大小写。

（3）命令的组成。输入命令后，在命令行中会出现一些选择项，它由中括号"［　］"、斜杠"/"和圆括号"（　）"组成。选择项包括备选项和当前选项，"［　］"前的内容为当前选项，"［　］"内的内容为备选项。每个备选项都有一个大写字母写在"（　）"内，在提示下输入该字母即可执行其命令。各个备选项用"/"分隔。

1.4.4　透明命令

AutoCAD 2020 中有些命令可以在其他命令执行的过程中同时运行，这种命令称为透明命令。透明命令一般用于辅助绘图，它能显示放大或缩小图形，改变绘图的环境。在某命令的执行过程中，操作透明命令后可继续执行该命令。

透明命令的操作方法有以下三种：

（1）从工具栏或状态栏直接单击透明命令按钮。

（2）从键盘输入，但要在命令名前加单引号"'"，如'Zoom。

（3）透明命令常用的操作方法是滚动鼠标的滚轮，向上滚动滚轮为放大图形，向下滚动滚轮为缩小图形。

1.4.5　重复命令

在绘图过程中经常会遇到需要重复执行的命令，可在"命令："状态下，作如下操作：

（1）按空格键或回车键，可以快速重复执行上一条命令。

（2）在绘图区右击，选择"重复××"，执行上一条命令。

（3）在命令提示区右击，在弹出的快捷菜单"近期使用的命令"中，选择最近执行的 6 条命令之一重复执行。

1.4.6　终止命令

当一条命令正常完成后，会自动终止该命令，也可按空格键或回车键结束命令。在任何时候若想终止命令，可按键盘左上角的 Esc 键。

1.4.7　保存命令

第一次保存图形不同于以后的保存，首次保存时必须给出图形文件的名字，用户应将该图形保存在专门的文件夹中。保存命令有两个："QSAVE"和"SAVEAS"。

（1）保存。保存命令"QSAVE"是将所绘的图形以文件的形式存入磁盘且不退出绘图软件，保存方法有以下四种：

1）单击→"保存"。

2）在快速访问工具栏中，单击 ■ 按钮。

3）从键盘输入命令：QSAVE。

4）按 Ctrl＋S 快捷键。

如果图形已命名，输入"保存"命令将直接存入，不再出现"图形另存为"的对话框。

（2）另存为。如果图形已保存过，想把该文件保存为其他图形文件名，或将当前的图形文件另存一处。可用另存为命令"SAVEAS"，重新指定路径和文件名后存盘。

另存的图形文件与原图形文件不在同一路径下时可以同名，在同一路径下时必须另取文件名。执行该命令后，AutoCAD 2020 自动关闭当前图形，屏幕显示的是另存的图形文件。输入方式有以下两种：

1）单击下拉菜单"文件"→"另存为"。

2）从键盘输入命令：SAVEAS。

保存图形的对话框如图 1.20 所示，在"保存于"下拉列表框中选择文件存放的磁盘目录。在"文件名"下拉列表框中键入图形文件名。在"文件类型"下拉列表框中选择所要保存的文件类型，AutoCAD 文件的后缀名为".dwg"，如 AutoCAD 2020 图形文件（*.dwg）、AutoCAD 2020 图形样板文件（*.dwt）等。

图 1.20　保存图形对话框

1.4.8　备份文件

如果把存盘备份参数打开，AutoCAD 在每次存盘的时候，就会将上一次的工作文件（*.dwg）转换为备份文件（*.bak），即当前的存储覆盖了原来的文件（*.dwg）。

用户可以通过修改备份文件的后缀名，即"dwg"为"bak"，将备份文件再改为工作文件，就可以打开该备份文件了。

1.4.9　退出

退出 AutoCAD 2020 时，不可以直接关机，否则会丢失文件，应按以下三种方法进行操作：

1）单击→"关闭"。

2）单击窗口右上角的"▇×"按钮。

3）从键盘输入命令：QUIT。

当有多个图形文件同时打开时，单击屏幕右上角下面的一个"▇×"，可关闭当前图形文件，若单击屏幕右上角上面的"▇×"时，所有的图形文件都将被关闭。

如果当前图形文件没有存盘，输入"关闭"命令后，AutoCAD 2020 会弹出"退出警告"对话框，提醒用户是否将改动保存到当前文件内，操作后方可安全退出。

练 习 题

一、填空题

1．AutoCAD 的英文全称是（　　），该软件是（　　）公司开发的计算机绘图软件。

2．AutoCAD 的界面是由（　　）、（　　）、（　　）、（　　）、（　　）、（　　）、（　　）、（　　）、（　　）、（　　）组成。

3．AutoCAD 的坐标系统有（　　）、（　　），其中（　　）是固定不变的。

4．AutoCAD 的工具栏是（　　），用户可将其定位绘图区域的任意位置。

5．某菜单项后面有黑三角符号，其含义是（　　）。

6．菜单命令呈现灰色，表示该命令（　　）。

7．在绘图区域、工具栏、状态行及一些对话框上右击会弹出（　　）。

8．AutoCAD 中按（　　）或（　　）可以快速重复执行上一条命令。

9．通常情况下，用户可以通过（　　）操作从弹出的快捷菜单中完成操作。

10．AutoCAD 默认扩展名是（　　）。

二、上机操作题

1．熟悉操作界面

目的要求：通过本实验的操作练习，掌握 AutoCAD 2020 的操作界面。

操作提示：

（1）启动 AutoCAD 2020，进入绘图界面。

（2）调整操作界面大小。

（3）设置绘图窗口颜色与光标大小。

（4）打开、移动、关闭工具栏和功能区。

（5）尝试同时利用命令行、下拉菜单和功能区绘制一条线段。

2．管理图形文件

目的要求：通过本实验的操作练习，掌握管理 AutoCAD 2020 图形文件的方法。

操作提示：

（1）启动 AutoCAD 2020，进入绘图界面。

（2）打开一幅已经保存过的图形。

（3）进行自动保存设置。

（4）将图形以新的名字保存。

（5）尝试在图形上绘制任意图线。

（6）退出该图形。

（7）尝试重新打开按新名字保存的原图形。

3. 数据输入

目的要求：通过本实验的操作练习，掌握 AutoCAD 2020 图形文件的数据输入方法。

操作提示：

（1）在命令行输入"LINE"命令。

（2）输入起点的直角坐标方式下的绝对坐标值。

（3）输入下一点的直角坐标方式下的相对坐标值。

（4）输入下一点的极坐标方式下的绝对坐标值。

（5）输入下一点的极坐标方式下的相对坐标值。

资源 1.1
练习题答案

（6）用鼠标直接指定下一点的位置。

（7）按下状态栏上的"正交"按钮，用鼠标拉出下一点的方向，在命令行输入一个数值。

（8）按回车键结束绘制线段的操作。

第 2 章 绘 图 基 本 设 置

要绘制一幅土木工程施工图，若手工绘制，必须先确定绘图比例，根据比例和建筑物的大小确定图幅，然后按照比例进行绘制。如果用 AutoCAD 2020 绘图，则先用 1：1 的比例绘制图形，再选择适当的比例和图幅打印输出到图纸上。为了能按预定的图纸规格来设定绘图比例，或者按要求的绘图比例来选定图纸规格，应先在绘图前完成一些基本设置。

2.1 环 境 设 置

用户在使用 AutoCAD 2020 进行工作之前，一般要对工作环境进行设置。这就像我们利用图板开始画图之前，需要确定图纸的大小，并且根据图纸的大小计算适合图纸大小的绘图比例一样。

在 AutoCAD 2020 中设置绘图环境，不仅可以简化大量的调整、修改工作，还有利于统一格式，便于图形的管理和使用。

2.1.1 图形单位设置

"UNITS"命令可以快速设置用户所需要的长度单位、角度单位、精度和角度方向等，具体操作如下：

（1）通过以下两种方式输入命令：

1）菜单栏："格式"→"单位"。

2）命令行：DDUNITS（或 UNITS）。

（2）操作步骤。执行上述命令后，系统打开"图形单位"对话框，如图 2.1 所示。该对话框用于定义单位和角度格式。

（3）选项说明。

1）"长度"与"角度"选项组。指定测量的长度与角度的当前单位及当前单位的精度。

2）"插入时的缩放单位"下拉列表框。控制使用工具选项板（例如 DesignCenter 或 i‐drop）拖入当前图形的块的测量单位。如果块或图形创建时使用的单位与该选项指定的单位不同，则在插入这些块或图形时，将对其按比例缩放。插入比例是源块或图形使用的单位与目标块或图形使用的单位之比。如果插入块时不按指定单位缩放，则选择"无单位"。

3）"输出样例"。显示用当前单位和角度设置的例子。

4）"光源"下拉列表框。用于指定当前图形中光源强度的单位。

5）"方向"按钮。单击该按钮，系统显示"方向控制"对话框，如图 2.2 所示。可以在该对话框中进行方向控制设置。

图 2.1 "图形单位"对话框　　　　图 2.2 "方向控制"对话框

2.1.2　图形界限设置

"LIMITS"命令可以设置 AutoCAD 2020 坐标系中平面视图的图形界限范围，这个界限范围是一个矩形区域，由用户指定该矩形左下角点和右上角点的坐标来确定。

（1）通过以下两种方式输入命令：

1）菜单栏："格式"→"图形范围"。

2）命令行：LIMITS。

（2）操作步骤。命令行提示如下：

命令：LIMITS↙

重新设置模型空间界限：指定左下角点或［开（ON）/关（OFF）］<0.0000，0.0000>：输入图形边界左下角的坐标后按回车键

指定右上角点<12.0000，9.0000>：输入图形边界右上角的坐标后按回车键

（3）选项说明。

1）开（ON）。使绘图边界有效。系统在绘图边界以外拾取的点视为无效。

2）关（OFF）。使绘图边界无效。用户可以在绘图边界以外拾取点或实体。

3）动态输入角点坐标。可以直接在屏幕上输入角点坐标，输入横坐标值后按"，"键，接着输入纵坐标值，如图 2.3 所示。也可以按光标位置直接单击确定角点位置。

图 2.3　动态输入坐标值

2.2　图 层 设 置

图层是 AutoCAD 2020 中的主要组织工具，它提供了强有力的功能，用来区分图形中各

种各样不同的成分，是分类管理图形对象的一种方法。每个图层就像一张透明纸，通过创建不同的图层，将类型或性质相似的对象指定给同一个图层使其相关联，便于图形要素的分类管理。可以按功能组织信息以及执行颜色、线型、线宽等其他标准使用图层，用户可以在不同的图层上面绘制图形，全部图层叠加在一起，就产生了完整的图形。若将不同性质的图形放到不同的图层中，通过图层的组合，便可得到不同的专业图；或者将图形实体放在一层，文字说明放在一层，尺寸标注放在一层，图纸（图幅、标题栏）放在一层等，以控制图层上对象的特性。

AutoCAD 2020 只定义一个图层——0 图层，其余图层由用户根据需要自己创建。0 图层是个特殊的图层，默认情况下，0 图层将被指定使用 7 号颜色（白色或黑色，由背景色决定）、CONTINUOUS 线型、默认线宽（默认设置是 0.01 英寸或 0.25mm）等，不能删除或重命名 0 图层。

2.2.1 创建图层

在一个图形中可以创建的图层数是无限的，图层通常用于设计概念上相关的一组对象，如墙体或尺寸标注。

（1）通过以下四种方式输入命令：

1）菜单栏："格式"→"图层"。

2）单击"图层"工具栏中的"图层特性管理器"按钮。

3）命令行：LAYER。

4）功能区：单击"默认"选项卡"图层"面板中的"图层特性"按钮，或单击"视图"选项卡"选项板"面板中的"图层特性"按钮。

（2）操作步骤。执行上述操作后，系统打开如图 2.4 所示的"图层特性管理器"对话框。

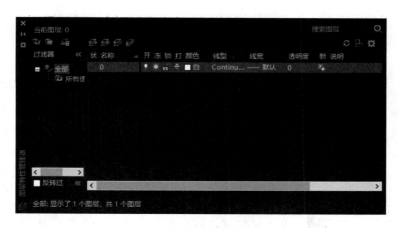

图 2.4 "图层特性管理器"对话框

1）"新建特性过滤器"按钮。单击该按钮，可以打开"图层过滤器特性"对话框，如图 2.5 所示。从中可以基于一个或多个图层特性创建图层过滤器。

2）"新建组过滤器"按钮。单击该按钮可以创建一个图层过滤器，其中包含用户选定并添加到该过滤器的图层。

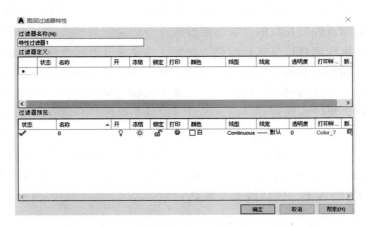

图 2.5 "图层过滤器特性"对话框

3)"图层状态管理器"按钮 ⬛。单击该按钮,可以打开"图层状态管理器"对话框,如图 2.6 所示。从中可以将图层的当前特性设置保存到命名图层状态中,以后可以再恢复这些设置。

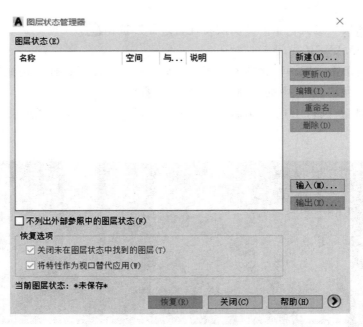

图 2.6 "图层状态管理器"对话框

4)"新建图层"按钮 ⬛。单击该按钮,图层列表中出现一个新的图层名称"图层 1",用户可使用此名称,也可改名。要想同时创建多个图层,可选中一个图层名后,输入多个名称,各名称之间以逗号分隔。图层的名称可以包含字母、数字、空格和特殊符号,Auto-CAD 2020 支持长达 255 个字符的图层名称。新的图层继承了创建新图层时所选中的已有图层的所有特性(颜色、线型、开/关状态等),如果新建图层时没有图层被选中,则新图层具有默认的设置。

5)"在所有视口中都被冻结的新图层视口"按钮▇。单击该按钮,将创建新图层,然后在所有现有布局视口中将其冻结。可以在"模型"空间或"布局"空间上访问此按钮。

6)"删除图层"按钮▇。在图层列表中选中某一图层,然后单击该按钮,则该图层删除。

7)"置为当前"按钮▇。在图层列表中选中某一图层,然后单击该按钮,则把该图层设置为当前图层,并在"当前图层"列中显示其名称。当前图层的名称存储在系统变量CLAYER中。另外,双击图层名也可将其设置为当前图层。

8)"搜索图层"文本框。输入字符时,按名称快速过滤图层列表。关闭图层特性管理器时并不保存此过滤器。

9)"状态行"。显示当前过滤器的名称、列表视图中显示的图层数和图形中的图层数。

10)过滤器列表。显示图形中的图层过滤器列表。单击▇和▇按钮可展开或收拢过滤器列表。当"过滤器"列表处于收拢状态时,使用位于图层特性管理器左下角的"展开或收拢弹出图层过滤器树"按钮▇来显示过滤器列表。

11)"反向过滤器"复选框。勾选该复选框,显示所有不满足选定图层特性过滤器中条件的图层。

12)图层列表区。显示已有的图层及其特性。要修改某一图层的某一特性时,单击它所对应的图标即可。右击空白区域或利用快捷菜单可快速选中所有图层。列表区中各列的含义如下:

a. 状态:指示项目的类型,有图层过滤器、正在使用的图层、空图层或当前图层 4 种。

b. 名称:显示满足条件的图层名称。如果要对某图层进行修改,首先要选中该图层的名称。

c. 状态转换图标:在"图层特性管理器"对话框的图层列表中有一列图标,单击这些图标,可以打开或关闭该图标所代表的功能。各图标功能说明见表 2.1。

表 2.1   图 标 功 能 说 明

图标	名称	功 能 说 明
▇/▇	打开/关闭	将图层设定为打开或关闭状态。当呈现关闭状态时,该图层上的所有对象将隐藏,只有处于打开状态的图层会在绘图区显示或由打印机打印出来。因此,绘制复杂的视图时,将不编辑的图层暂时关闭可降低图形的复杂性。图 2.7(a)和图 2.7(b)分别表示尺寸标注图层打开和关闭的情形
▇/▇	解冻/冻结	将图层设定为解冻或冻结状态。当图层呈现冻结状态时,该图层上的对象均不会显示在绘图区,也不能由打印机打出,而且不会执行重生(REGEN)、缩放(EOOM)、平移(PAN)等命令的操作。因此若将视图中不编辑的图层暂时冻结,可加快执行绘图编辑的速度。▇/▇(打开/关闭)功能只是单纯将对象显示或隐藏,并不会加快执行速度
▇/▇	解锁/锁定	将图层设定为解锁或锁定状态。被锁定的图层仍然显示在绘图区,但不能编辑修改被锁定的对象,只能绘制新的图形,这样可防止重要的图形被修改
▇/▇	打印/不打印	将图层设定为是否可以打印

d. 颜色,显示和改变图层的颜色。如果要改变某一图层的颜色,单击其对应的颜色图标,打开图 2.8 所示的"选择颜色"对话框,用户可从中选择需要的颜色。

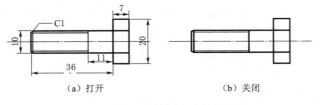

图 2.7　打开或关闭尺寸标注图层

e. 线型，显示和修改图层的线型。如果要修改某一图层的线型，单击该图层的"线型"项，打开"选择线型"对话框，如图 2.9 所示。其中列出了当前可用的线型，用户可从中进行选择。

f. 线宽，显示和修改图层的线宽。如果要修改某一图层的线宽，单击该图层的"线宽"列，打开"线宽"对话框，如图 2.10 所示。其中列出了 AutoCAD 2020 设定的线宽，用户可从中进行选择。"线宽"列表框中显示可以选用的线宽值，用户可从中选择需要的线宽。"旧的"显示行显示前面赋予图层的线宽，当创建一个新图层时，采用默认线宽（其值为 0.01in❶，即 0.25mm），默认线宽的值由系统变量 LWDEFAULT 设置；"新的"显示行显示赋予图层的新线宽。

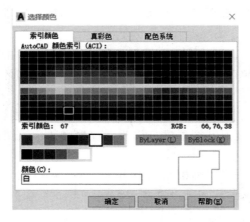

图 2.8　"选择颜色"对话框

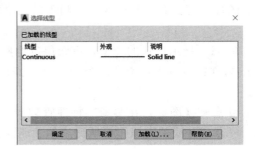

图 2.9　"选择线型"对话框

g. 打印样式，打印图形时各项属性的设置。

注意：合理利用图层，可以达到事半功倍的效果。可以在开始绘制图形时设置一些基本图层，设置并锁定每个图层的专门用途。这样，只需绘制一份图形文件，就可以组合出许多需要的图纸，修改时可针对各个图层进行。

2.2.2　利用面板设置图层

AutoCAD 2020 提供了一个"特性"面板，如图 2.11 所示。用户可以利用面板下拉列表框中的选项，快速地查看和改变所选对象的图层、颜色、线型和线宽特性。"特性"面板上对图层颜色、线型、线宽和打印样式的控制增强了查看和编辑对象属性的命令。在绘图区选择任何对象，面板上都会自动显示它所在的图层、颜色、线型等属性。"特性"面板各部分的功能介绍如下；

---

❶　1in≈2.54cm。

图 2.10 "线宽"对话框

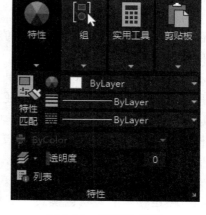

图 2.11 "特性"面板

（1）"对象颜色"下拉列表框。单击右侧的向下箭头，用户可从打开的选项列表中选择一种颜色，使之成为当前颜色。如果选择"更多颜色"选项，系统会打开"选择颜色"对话框供用户选择其他颜色。修改当前颜色后，不论在哪个图层上绘图都采用这种颜色，但对各个图层的颜色设置没有影响。

（2）"线型"下拉列表框。单击右侧的向下箭头，用户可从打开的选项列表中选择一种线型，使之成为当前线型。修改当前线型后，不论在哪个图层上绘图都采用这种线型，但对各个图层的线型设置没有影响。

（3）"线宽"下拉列表框。单击右侧的向下箭头，用户可从打开的选项列表中选择一种线宽，使之成为当前线宽。修改当前线宽后，不论在哪个图层上绘图都采用这种线宽，但对各个图层的线宽设置没有影响。

（4）"打印样式"下拉列表框。单击右侧的向下箭头，用户可从打开的选项列表中选择一种打印样式，使之成为当前打印样式。

2.2.3 颜色设置

AutoCAD 2020 绘制的图形对象都具有一定的颜色，为清晰表达绘制的图形，可用相同的颜色绘制同一类图形对象，从而使不同类的对象具有不同的颜色，以示区分，这样就需要适当地对颜色进行设置。AutoCAD 2020 允许用户设置图层颜色，为新建的图形对象设置当前颜色，或改变已有图形对象的颜色。

（1）执行方式。

1）命令行：COLOR（快捷命令：COL）。

2）栏："格式"→"颜色"。

3）功能区：单击"默认"选项卡"特性"面板上的"对象颜色"下拉菜单中的"更多颜色"按钮。

执行上述操作后，打开"选择颜色"对话框。

（2）"索引颜色"选项卡。单击此选项卡，可以在系统提供的 255 种颜色索引表中选择所需要的颜色。

1）"颜色索引"列表框，依次列出了 255 种索引色，用户可在此列表框中选择所需要的颜色。

2）"颜色"文本框，所选择的颜色代号值显示在"颜色"文本框中，也可以直接在该文本框中输入代号值来选择颜色。

3）"ByLayer"和"ByBlock"按钮，单击这两个按钮，颜色分别按图层和图块设置。这两个按钮只有在设定了图层颜色和图块颜色后才可以使用。

（3）"真彩色"选项卡。单击此选项卡，可以选择需要的任意颜色，如图 2.12 所示。可以拖动调色板中的颜色指示光标和亮度滑块选择颜色及其亮度，也可以通过"色调""饱和度"和"亮度"的调节钮来选择需要的颜色。所选颜色的红、绿、蓝值显示在下面的"颜色"文本框中，也可以直接在该文本框中输入红、绿、蓝值来选择颜色。

在此选项卡中还有一个"颜色模式"下拉列表框，默认的颜色模式为"HSL"模式，即图 2.12 所示的模式。RGB 模式也是常用的一种颜色模式，如图 2.13 所示。

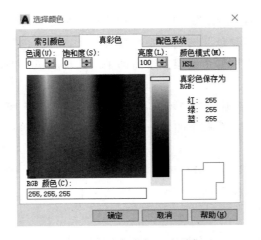

图 2.12　"真彩色"选项卡

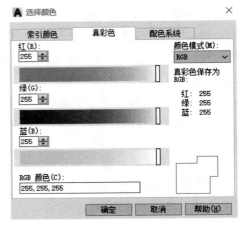

图 2.13　RGB 模式

（4）"配色系统"选项卡。单击此选项卡，可以从标准配色系统（如 Pantone）中选择预定义的颜色，如图 2.14 所示。在"配色系统"下拉列表框中选择需要的系统，然后拖动右边的滑块来选择具体的颜色，所选颜色编号显示在下面的"颜色"文本框中，也可以直接在该文本框中输入编号值来选择颜色。

2.2.4　图层的线型

GB/T 4457.4—2002《机械制图　图样画法　图线》对机械图样中使用的各种图线名称、线型、线宽以及在图样中的应用做了规定，见表 2.2。其中常用的图线有 4 种，即粗实线、细实线、虚线、细点划线。图线分为粗、细两种，粗线的宽度 b 应按图样的大小和图形的复杂程度在 0.5～2mm 范围内选择，细线的宽度约为 $b/2$。

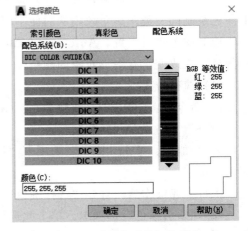

图 2.14　"配色系统"选项卡

表 2.2   图 线 的 形 式 及 用 途

图线名称	线 型	线 宽	主 要 用 途
粗实线		b	可见轮廓线、可见过渡线
细实线		约 $b/2$	尺寸线、尺寸界线、剖面线、引出线、弯折线、牙底线、齿根线、辅助线等
细点划线		约 $b/2$	轴线、对称中心线、齿轮节线等
虚线		约 $b/2$	不可见轮廓线、不可见过渡线
波浪线		约 $b/2$	断裂处的边界线、剖视与视图的分界线
双折线		约 $b/2$	断裂处的边界线
粗点划线		b	有特殊要求的线或面的表示线
双点划线		约 $b/2$	相邻辅助零件的轮廓线、极限位置的轮廓线、假想投影的轮廓线

（1）在"图层特性管理器"对话框中设置线型。单击"默认"选项卡"图层"面板中的"图层特性"按钮 ，打开"图层特性管理器"对话框。在图层列表的线型列下单击线型名，打开"选择线型"对话框。对话框中选项的含义如下：

1）"已加载的线型"列表框：显示在当前绘图中加载的线型，可供用户选用，其右侧显示线型的形式。

2）"加载"按钮：单击该按钮，打开"加载或重载线型"对话框，如图 2.15 所示。用户可通过此对话框加载线型并把它添加到线型列中。但要注意，加载的线型必须在线型库（LIN）文件中定义过，标准线型都保存在 acad.lin 文件中。

图 2.15 "加载或重载线型"对话框

（2）直接设置线型。执行方式如下：

1）命令行：LINETYPE。

2）功能区：单击"默认"选项卡"特性"面板上的"线型"下拉菜单中的"其他"按钮。

在命令行输入"LINETYPE"命令后按回车键，打开"线型管理器"对话框，如图 2.16 所示。用户可在该对话框中设置线型。该对话框中选项的含义与前面介绍的选项含义相同，此处不再赘述。

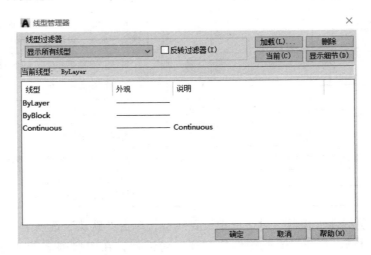

图 2.16 "线型管理器"对话框

2.3 精 度 设 置

为了绘制高精度的图形，首先要准确地在屏幕上指定一些点，定点最快的方法是通过光标的移动直接在屏幕上拾取点，但要精确定位于给定的坐标值很难。通过输入点的坐标可以精确地定点，但速度较慢。为了既快又准确的定位点，在 AutoCAD 2020 的状态栏中提供了栅格、正交、极轴、对象捕捉等多种提高绘图精度的方法。

2.3.1 栅格

AutoCAD 2020 的栅格由有规则的点矩阵组成，延伸到指定为图形界限的整个区域。使用栅格与在坐标纸上绘图是十分相似的，可以对齐对象并直观显示对象之间的距离。如果放大或缩小图形，可能需要调整栅格间距，使其更适合新的比例。虽然栅格在屏幕上是可见的，但它并不是图形对象，因此不会被打印成图形中的一部分，也不会影响在何处绘图。

可以单击状态栏上的"栅格"按钮或按 F7 键，打开或关闭栅格。启用栅格并设置栅格在 X 轴方向和 Y 轴方向上的间距的方法如下：

1. 执行方式

（1）命令行：DSETTINGS 或 DS，SE 或 DDRMODES。

（2）菜单栏："工具"→"绘图设置"。

（3）快捷菜单："栅格"按钮处右击→网格设置。

2. 操作步骤

执行上述命令，系统弹出"草图设置"对话框，如图 2.17 所示。

如果需要显示栅格，勾选"启用栅格"复选框。在"栅格 X 轴间距"文本框中输入栅

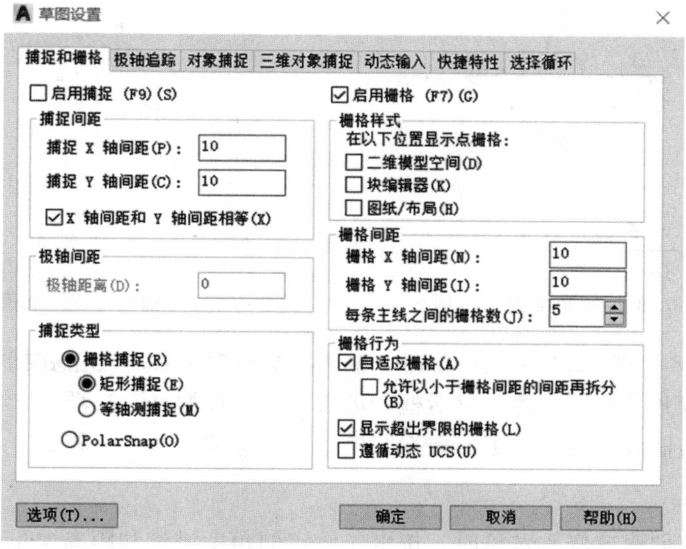

图 2.17 "草图设置"对话框

格点之间的水平距离,单位为 mm。如果使用相同的间距设置垂直和水平分布的栅格点,则按 Tab 键;否则,在"栅格 Y 轴间距"文本框中输入栅格点之间的垂直距离。

用户可改变栅格与图形界限的相对位置。默认情况下,栅格以图形界限的左下角为起点,沿着与坐标轴平行的方向填充整个由图形界限所确定的区域。在"捕捉"选项区中的"角度"项可决定栅格与相应坐标轴之间的夹角;"X 基点"和"Y 基点"项可决定栅格与图形界限的相对位移。

注意:如果栅格的间距设置得太小,当进行"打开栅格"操作时,AutoCAD 2020 将在文本窗口中显示"栅格太密,无法显示"信息,而不在屏幕上显示栅格点。或者使用"缩放"命令时,将图形缩得很小,也会出现同样提示,不显示栅格。

捕捉可以使用户直接使用鼠标快速地定位目标点。捕捉有几种不同的模式:栅格捕捉、对象捕捉、极轴捕捉和自动捕捉(将在下文中详细讲解)。

另外,可以使用 GRID 命令通过命令行方式设置栅格,功能与"草图设置"对话框类似。

2.3.2 捕捉

捕捉是指 AutoCAD 2020 可以生成一个隐含分布于屏幕上的栅格,这种栅格能够捕捉光标,使得光标只能落到其中一个栅格点上。捕捉可分为"矩形捕捉"和"等轴测捕捉"两种类型。默认设置为"矩形捕捉",即捕捉点的阵列类似于栅格,如图 2.18 所示。用户可以指定捕捉模式在 X 轴方向和 Y 轴方向上的间距,也可改变捕捉模式与图形界限的相对位置。与栅格的不同之处在于:捕捉间距的值必须为正实数;另外捕捉模式不受图形界限的约束。"等轴测捕捉"表示捕捉模式为等轴测模式,此模式是绘制正等轴测图时的工作环境,如图 2.19 所示。在"等轴测捕捉"模式下,栅格和光标十字线呈绘制等轴测图时的特定角度。

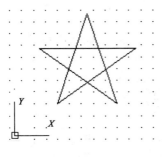

图 2.18　"矩形捕捉"实例

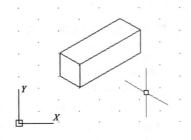

图 2.19　"等轴测捕捉"实例

在绘制图 2.18 和图 2.19 中的图形时，输入参数点时光标只能落在栅格点上。两种模式切换方法如下：打开"草图设置"对话框，进入"捕捉和栅格"选项卡，在"捕捉类型"选项区中，通过单选框可以切换"矩形捕捉"模式与"等轴测捕捉"模式。

2.3.3　极轴捕捉

极轴捕捉是在创建或修改对象时，按事先给定的角度增量和距离增量来追踪特征点，即捕捉相对于初始点，且满足指定极轴距离和极轴角的目标点。

极轴追踪设置主要是设置追踪的距离增量和角度增量，以及与之相关联的捕捉模式。这些设置可以通过"草图设置"对话框的"捕捉和栅格"选项卡与"极轴追踪"选项卡来实现，如图 2.20 和图 2.21 所示。

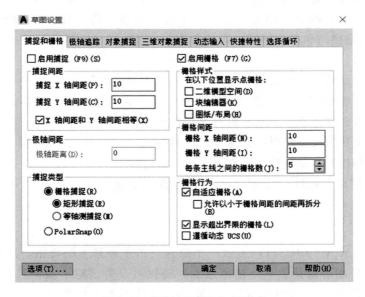

图 2.20　"捕捉和栅格"选项卡

（1）设置极轴距离。如图 2.20 所示，在"草图设置"对话框的"捕捉和栅格"选项卡中，可以设置极轴距离，单位为 mm。绘图时，光标将按指定的极轴距离增量进行移动。

（2）设置极轴角度。如图 2.21 所示，在"草图设置"对话框的"极轴追踪"选项卡中，可以设置极轴角增量。设置时，可以使用通过向下箭头所打开的下拉选择框中的 90°、45°、

图 2.21 "极轴追踪"选项卡

30°、22.5°、18°、15°、10°和5°的极轴角增量，也可以直接输入其他任意角度。光标移动时，如果接近极轴角，将显示对齐路径和工具栏提示。

"附加角"用于设置极轴追踪时是否采用附加角度追踪。勾选"附加角"复选框，通过"增加"按钮或者"删除"按钮来增加、删除附加角度值。

（3）对象捕捉追踪设置用于设置对象捕捉追踪的模式。如果选择"仅正交追踪"选项，则当采用追踪功能时，系统仅在水平和垂直方向上显示追踪数据；如果选择"用所有极轴角设置追踪"选项，则当采用追踪功能时，系统不仅可以在水平和垂直方向上显示追踪数据，还可以在设置的极轴追踪角度与附加角度所确定的一系列方向上显示追踪数据。

（4）极轴角测量用于设置极轴角的角度测量采用的参考基准，"绝对"则是相对水平方向逆时针测量，"相对上一段"则是以上一段对象为基准进行测量。

2.3.4 对象捕捉

AutoCAD 2020 给所有的图形对象都定义了特征点，对象捕捉则是指在绘图过程中，通过捕捉这些特征点，迅速准确地将新的图形对象定位在现有对象的确切位置上，例如圆的圆心、线段的中点或两个对象的交点等。在 AutoCAD 2020 中，可以通过单击状态栏中"对象捕捉"选项，或在"草图设置"对话框的"对象捕捉"选项卡中选择"启用对象捕捉"单选框完成启用对象捕捉操作。在绘图过程中，对象捕捉功能的调用可以通过以下方式完成：

（1）"对象捕捉"工具栏。在绘图过程中，当系统提示需要指定点位置时，可以单击"对象捕捉"工具栏中相应的特征点按钮，再把光标移动到要捕捉的对象的特征点附近，AutoCAD 2020 会自动提示并捕捉这些特征点。例如，如果需要用直线连接一系列圆的圆心，可以将"圆心"设置为执行对象捕捉。如果有两个可能的捕捉点落在选择区域，Auto-CAD 2020 将捕捉离光标中心最近的符合条件的点。还有可能指定点时需要检查哪一个对象捕捉有效，例如在指定位置有多个对象捕捉符合条件，在指定点之前，按 Tab 键可以捕捉所有可能的点。

图 2.22　"对象捕捉"
快捷菜单

（2）"对象捕捉"快捷菜单。在需要指定点位置时，还可以按住 Ctrl 键或 Shift 键，右击，弹出"对象捕捉"快捷菜单，如图 2.22 所示。从该菜单中可以选择某一种特征点执行对象捕捉，把光标移动到要捕捉对象上的特征点附近，即可捕捉到这些特征点。

（3）使用命令行。当需要指定点位置时，在命令行中输入相应特征点的关键词，把光标移动到要捕捉对象的特征点附近，即可捕捉到这些特征点。对象捕捉模式及其关键字见表 2.3。

表 2.3　　　　　　　　　对象捕捉模式及其关键字

模式	关键字	模式	关键字	模式	关键字
临时追踪点	TT	捕捉	FROM	端点	END
中点	MID	交点	INT	外观交点	APP
延长线	EXT	圆心	CEN	象限点	QUA
切点	TAN	垂足	PER	平行线	PAR
节点	NOD	最近点	NEA	无捕捉	NON

注意：

（1）对象捕捉不可单独使用。必须配合别的绘图命令使用。仅当 AutoCAD 提示输入点时，对象捕捉才生效。如果试图在命令提示下使用对象捕捉。AutoCAD 将显示错误信息。

（2）对象捕捉只影响屏幕上可见的对象，包括锁定图层、布局视口边界和多段线上的对象。不能捕捉不可见对象，如未显示的对象，关闭或冻结图层上的对象以及虚线的空白部分。

2.3.5　自动对象捕捉

在绘制图形的过程中，使用对象捕捉的频率非常高，如果每次在捕捉时都要先选择捕捉模式，将使工作效率大大降低。为避免这种情况发生，AutoCAD 2020 提供了自动对象捕捉模式。如果启用自动捕捉功能，当光标距指定的捕捉点较近时，系统会自动精确地捕捉这些特征点，并显示出相应的标记以及该捕捉的提示。在"草图设置"对话框中的"对象捕捉"选项卡，勾选"启用对象捕捉追踪"复选框，可以调用自动捕捉，如图 2.23 所示。

注意：可以设置自己常用的捕捉方式。一旦设置了捕捉方式后，在每次绘图时，所设定的目标捕捉方式都会被激活，而不是仅对一次选择有效。当同时使用多种方式时，系统将捕捉距光标最近、同时又满足多种目标捕捉方式之一的点。当光标距要获取的点非常近时，按 Shift 键将暂时不获取对象。

2.3.6　正交

AutoCAD 2020 提供了与绘图人员的丁字尺类似的绘图和编辑工具。创建或移动对象时，使用正交模式可以将光标限制在水平或垂直方向上移动。如在画直线前打开"正交"按钮，可以创建一系列相互垂直的直线。在绘图和编辑过程中，可以随时打开或关闭正交模式。

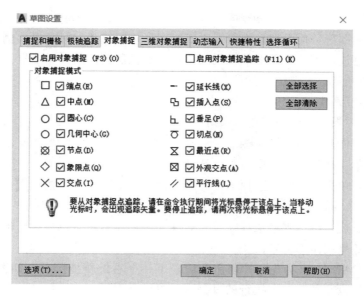

图 2.23 "对象捕捉"选项卡

通过以下两种方式打开正交模式:

(1) 单击状态栏中的"正交"按钮。

(2) 按 F8 键进行开关切换。

但是当正交打开且从键盘上输入点的坐标来确定点的位置画直线时,不受正交模式的影响。

2.4 图 形 显 示 控 制

AutoCAD 2020 提供了强大的图形显示功能,通过放大、缩小、平移图形等手段,用户可以方便地观察到图纸的局部或全貌。

2.4.1 实时缩放

AutoCAD 2020 为交互式的缩放和平移提供了可能。在实时缩放命令下,可以通过垂直向上或向下移动光标来放大或缩小图形。

1. 执行方式

(1) 命令行:Zoom。

(2) 菜单栏:"视图"→"缩放"→"实时"。

(3) 工具栏:标准→实时缩放 。

(4) 功能区:单击"视图"选项卡"导航"面板中的"范围"下拉列表下的"实时"按钮 。

2. 操作步骤

按住实时缩放选择钮垂直向上或向下移动。从图形的中点向顶端垂直地移动光标就可以将图形放大 1 倍,向底部垂直地移动光标就可以将图形缩小 1/2。

2.4.2 实时平移

平移不是移动图形，而是移动视口，它不对图形进行缩放，只是等比例观看当前图形的不同部分，也就是说，不改变图形的视觉尺寸，而是控制图形的显示位置。

1. 执行方式

（1）命令行：PAN。

（2）菜单栏："视图"→"平移"→"实时"。

（3）工具栏：标准→实时平移🖐。

（4）快捷菜单：在绘图窗口中右击，选择"平移"命令。

（5）功能区：单击"视图"选项卡"导航"面板中的"平移"按钮🖐，如图 2.24 所示。

2. 操作步骤

执行上述命令后，按下平移选择钮，然后移动手形光标就可以平移图形了。当移动到图形的边缘时，光标呈三角形显示。

另外，AutoCAD 2020 为显示控制命令设置了一个右键快捷菜单，如图 2.25 所示。在该菜单中，用户可以在显示命令执行的过程中实时进行切换。

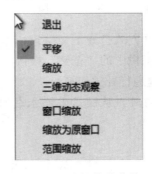

图 2.24　"导航"面板　　　图 2.25　右键快捷菜单

练 习 题

一、填空题

1. AutoCAD 中正交的快捷键为（　　）。

2. 打开和关闭栅格、捕捉、正交命令可以单击（　　）相应按钮。

3. 列出 5 种对象捕捉模式（　　）（　　）（　　）（　　）（　　）。

4. 被（　　）图层上的对象不可以被编辑但可以显示。

5. （　　）命令改变图形的显示比例。

二、判断题

1. 栅格点只在绘图极限范围内显示，不会在绘图机上输出。（　　）

2. 端点捕捉可以捕捉直线、圆弧、多义线等对象的一个离拾取点最近的端点。（　　）

3. 栅格和捕捉参数不仅可以通过"草图设置"对话框设置，还可以通过 GRID 和 SNAP 命令来设置。（　　）

4. 自动捕捉标记的大小是系统默认的，用户不能修改。（　　）

5. 自动追踪包括两种追踪方式：极轴追踪和目标捕捉追踪。（　　）

6. 用户可以根据绘图需要设置极轴追踪的角度。（　　）

7. 栅格间距和捕捉间距可以设置成不同。（　　）

8. 在正交模式下，只能画出平行于 X 轴或平行于 Y 轴的直线。（　　）

9. 临时捕捉方式是临时打开了相应的对象捕捉模式，这种方式是一次性的、临时的。（　　）

10. 鸟瞰视图是一种试图定位工具，它提供了可视化平移和缩放视图的方法。（　　）

三、选择题

1. 在 CAD 中，（　　）命令可用来绘制横平竖直的直线。

A. 栅格　　　　　　　　　　　　　　B. 捕捉

C. 正交　　　　　　　　　　　　　　D. 对象捕捉

2. 按（　　）键可切换文本窗口和绘图窗口。

A. F8　　　　　　　　　　　　　　　B. F2

C. F3　　　　　　　　　　　　　　　D. F5

3. 在（　　）创建的块可在插入时与当前层特性一致。

A. 0 图层　　　　　　　　　　　　　B. 在所有自动产生的层

C. 所有图层　　　　　　　　　　　　D. 新建的图层

4. AutoCAD 默认的单位是（　　）。

A. cm　　　　　　　　　　　　　　　B. dm

C. m　　　　　　　　　　　　　　　 D. mm

5. 在 AutoCAD 中，可在一个文件中创建（　　）个图层。

A. 8　　　　　　　　　　　　　　　　B. 4

C. 无数　　　　　　　　　　　　　　D. 16

6. 如对不同图层上的两个对象作倒棱角，则新生成棱边位于（　　）。

A. 0 图层　　　　　　　　　　　　　B. 当前层

C. 选取第一对象所在层　　　　　　　D. 另一层

7. 在图层管理器中，影响图层显示的操作有（　　）。

A. 锁定图层　　　　　　　　　　　　B. 新建图层

C. 删除图层　　　　　　　　　　　　D. 冻结图层

四、上机操作题

用缩放工具查看零件图的细节部分

目的要求：如图 2.26 所示，本例给出的零件图形比较复杂，为了绘制或查看零件图的局部或整体，需要用到图形显示工具。通过本例的练习读者应熟练掌握各种图形显示工具的使用方法与技巧。

操作提示：

（1）利用"平移"工具移动图形到合适位置。

（2）利用"缩放"工具栏中的各种缩放工具对图形各个局部进行缩放。

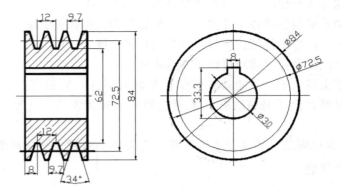

资源 2.1

练习题答案

图 2.26　零件图

第3章 基本绘图命令

二维图形是指在二维空间绘制的图形，主要由一些图形元素组成，如点、直线、圆弧、圆、椭圆、矩形、多边形、多段线、样条曲线、多线等。AutoCAD 2020 提供了大量的绘图工具，可以帮助用户完成二维图形的绘制。本章主要讲解直线、圆和圆弧、点等的绘制。

3.1 直线类命令

直线类命令包括直线段和构造线。这几个命令是 AutoCAD 2020 中较简单的绘图命令。

3.1.1 直线段

1. 功能

直线命令就是输入两点画一直线段，可以画一条，也可以不断地输入点来画出多条首尾相连的直线段。用直线命令画出的线条，每条线段都是独立的对象，不构成一个整体。

2. 执行方式

（1）命令行：LINE（快捷命令：L）。

（2）菜单栏："绘图"→"直线"。

（3）工具栏：单击"绘图"工具栏中的"直线"按钮█。

（4）功能区：单击"默认"选项卡"绘图"面板中的"直线"按钮█。

3. 操作步骤

命令行提示如下：

命令：LINE↙

指定第一个点：输入直线段的起点坐标或在绘图区单击指定点

指定下一点或 ［放弃（U）］：输入直线段的端点坐标，或单击光标指定一定角度后，直接输入直线的长度

指定下一点或 ［退出（E）/放弃（U）］：输入下一直线段的端点，或输入选项"U"表示放弃前面的输入；右击或按回车键，结束命令

指定下一点或 ［关闭（C）/退出（X）/放弃（U）］：输入下一直线段的端点，或输入选项"C"使图形闭合，结束命令

4. 选项说明

（1）输入点的坐标时，数值之间的逗号一定要在西文状态下输入，否则会出现错误。

（2）若按回车键响应"指定第一点"提示，系统会把上次绘制图线的终点作为本次图线的起始点。若上次操作为绘制圆弧，按回车键响应后则绘出通过圆弧终点并与该圆弧相切的直线段，该线段的长度为光标在绘图区指定的一点与切点之间的距离。

（3）在"指定下一点"提示下，用户可以指定多个端点，从而绘出多条直线段。但是，

每一条直线段是一个独立的对象，可以进行单独的编辑操作。

（4）绘制两条以上直线段后，若采用输入选项"C"响应"指定下一点"提示，系统会自动连接起始点和最后一个端点，从而绘出封闭的图形。

（5）若采用输入选项"U"响应提示，则删除最近一次绘制的直线段。

（6）若设置正交方式（按下状态栏中的"正交模式"按钮 ），则只能绘制水平线段或垂直线段。

（7）若设置动态数据输入方式（按下状态栏中的"动态输入"按钮 ），则可以动态输入坐标或长度值，效果与非动态数据输入方式类似。除非特别需要，一般只按非动态数据输入方式输入相关数据。

5. 数据的输入方法

在 AutoCAD 2020 中，点的坐标可以用直角坐标、极坐标、球面坐标和柱面坐标表示，每一种坐标又分别具有两种坐标输入方式：绝对坐标和相对坐标。其中，直角坐标和极坐标最为常用，下面主要介绍它们的输入方法。

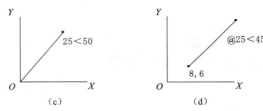

图 3.1　数据输入方法

（1）直角坐标法。用点的 X、Y 坐标值表示的坐标。

例如，在命令行中输入点的坐标提示下，输入"15，18"，则表示输入一个 X、Y 的坐标值分别为 15、18 的点，此为绝对坐标输入方式，表示该点的坐标是相对于当前坐标原点的坐标值，如图 3.1（a）所示。如果输入"@10，20"，则为相对坐标输入方式，表示该点的坐标是相对于前一点的坐标值，如图 3.1（b）所示。

（2）极坐标法。用长度和角度表示的坐标，只能用来表示二维点的坐标。

在绝对坐标输入方式下，表示为"长度＜角度"，如"25＜50"，其中长度为该点到坐标原点的距离，角度为该点至原点的连线与 X 轴正向的夹角，如图 3.1（c）所示。

在相对坐标输入方式下，表示为"@长度＜角度"，如"@25＜45"，其中长度为该点到前一点的距离，角度为该点至前一点的连线与 X 轴正向的夹角，如图 3.1（d）所示。

（3）动态数据输入。按下状态栏上的"动态输入"按钮 ，系统打开动态输入功能，默认情况下是打开的（如果不需要动态输入功能，单击"动态输入"按钮 ，关闭动态输入功能）。可以在屏幕上动态地输入某些参数数据。例如，绘制直线时，在光标附近，会动态地显示"指定第一个点"及后面的坐标框，当前坐标框中显示的是光标所在位置，可以输入数据，两个数据之间以逗号隔开，如图 3.2 所示。指定第一点后，系统动态地显示直线的角度，同时要求输入线段长度值，如图 3.3 所示，其输入效果与"@长度＜角度"方式相同。

下面分别讲述点与距离值的输入方法。

（1）点的输入。在绘图过程中常常需要输入点的位置，AutoCAD 2020 提供以下几种输入点的方式：

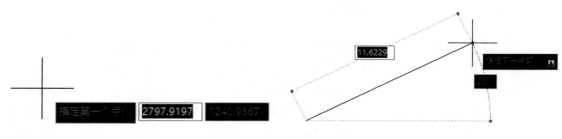

图 3.2 动态输入坐标值   图 3.3 动态输入长度值

1）直接在命令行窗口中输入点的坐标。笛卡儿坐标有两种输入方式："X，Y"（点的绝对坐标值，如"100，50"）和"@X，Y"（相对于上一点的相对坐标值，如"@50，－30"）。坐标值是相对于当前的用户坐标系。

极坐标的输入方式为"长度＜角度"（其中，长度为点到坐标原点的距离，角度为原点至该点连线与 X 轴的正向夹角，如"20＜45）"或"@长度＜角度"（相对于上一点的相对极坐标，如"@50＜－30"）。

提示：第二个点和后续点的默认设置为相对极坐标。不需要输入@符号。如果需要使用绝对坐标，请使用♯符号前缀。例如，要将对象移到原点，请在提示输入第二个点时，输入♯0，0。

2）用鼠标等定标设备移动光标单击，在屏幕上直接取点。

3）用目标捕捉方式捕捉屏幕上已有图形的特殊点，如端点、中点、中心点、插入点、交点、切点、垂足点等。

4）直接输入距离：先用光标拖拉出橡筋线确定方向，然后用键盘输入距离。这样有利于准确控制对象的长度等参数。

（2）距离值的输入。AutoCAD 2020 提供两种输入距离值的方式：一种是用键盘在命令行窗口中直接输入数值；另一种是在屏幕上拾取两点，以两点的距离值定出所需数值。

3.1.2 构造线

1. 执行方式

（1）命令行：XLINE（快捷命令：XL）。

（2）菜单栏："绘图"→"构造线"。

（3）工具栏：单击"绘图"工具栏中的"构造线"按钮。

（4）功能区：单击"默认"选项卡"绘图"面板中的"构造线"按钮。

2. 操作步骤

命令行提示如下：

命令：XLINE✓

指定点或［水平（H）/垂直（V）/角度（A）/二等分（B）/偏移（O）］：指定起点 1

指定通过点：指定通过点 2，绘制一条双向无限长直线指定通过点：继续指定点，继续绘制直线，按回车键结束命令

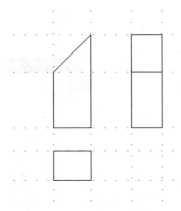

图 3.4　构造线辅助绘制三视图

3. 选项说明

（1）执行选项中有"指定点""水平""垂直""角度""二等分""偏移"6 种方式绘制构造线。

（2）构造线模拟手工作图中的辅助作图线，用特殊的线型显示，在图形输出时可不输出。应用构造线作为辅助线绘制机械图中的三视图是构造线的主要用途，构造线的应用保证了三视图之间"主、俯视图长对正，主、左视图高平齐，俯、左视图宽相等"的对应关系。图 3.4 所示为应用构造线作为辅助线绘制机械图中三视图的示例。图中细线为构造线，粗线为三视图轮廓线。

3.2　圆　类　命　令

圆类命令主要包括"圆""圆弧"和"圆环"命令，这几个命令是 AutoCAD 2020 中较简单的曲线命令。

3.2.1　圆

1. 执行方式

（1）命令行：CIRCLE（快捷命令：C）。

（2）菜单栏："绘图"→"圆"。

（3）工具栏：单击"绘图"工具栏中的"圆"按钮◉。

（4）功能区：单击"默认"选项卡"绘图"面板中的"圆"按钮◉。

2. 操作步骤

命令行提示如下：

命令：CIRCLE↙

指定圆的圆心或 ［三点（3P）/两点（2P）/切点、切点、半径（T）］：指定圆心

指定圆的半径或 ［直径（D）］：直接输入半径值或在绘图区单击指定半径长度

指定圆的直径＜默认值＞：输入直径值或在绘图区单击指定直径长度

3. 选项说明

（1）三点（3P）：通过指定圆周上 3 个点绘制圆。

（2）两点（2P）：通过指定直径的两端点绘制圆。

（3）切点、切点、半径（T）：通过先指定两个相切对象，再给出半径的方法绘制圆。

单击菜单栏中的"绘图"→"圆"命令，其子菜单中多了一种"相切、相切、相切"的绘制方法，当单击此方式时（图 3.5），命令

图 3.5　"相切、相切、相切"绘制方法

行提示如下：

指定圆上的第一个点：_tan 到：单击相切的第一个圆弧

指定圆上的第二个点：_tan 到：单击相切的第二个圆弧

指定圆上的第三个点：_tan 到：单击相切的第三个圆弧

注意：对于圆心点，除了可直接输入圆心点外，还可以利用圆心点与中心线的对应关系，单击对象捕捉的方法获取。按下状态栏中的"对象捕捉"按钮■，命令行中会提示"命令：＜对象捕捉开＞。

3.2.2 圆弧

1. 执行方式

（1）命令行：ARC（快捷命令：A）。

（2）菜单栏："绘图"→"圆弧"。

（3）工具栏：单击"绘图"工具栏中的"圆弧"按钮■。

（4）功能区：单击"默认"选项卡"绘图"面板中的"圆弧"按钮■。

2. 操作步骤

命令行提示如下：

命令：ARC↙

指定圆弧的起点或［圆心（C）］：指定起点

指定圆弧的第二点或［圆心（C）/端点（E）］：指定第二点

指定圆弧的端点：指定末端点

3. 选项说明

（1）用命令行方式绘制圆弧时，可以根据系统提示单击不同的选项，具体功能和菜单栏中的"绘图"→"圆弧"子菜单提供的 11 种方式相似。这 11 种方式绘制的圆弧如图 3.6 所示。

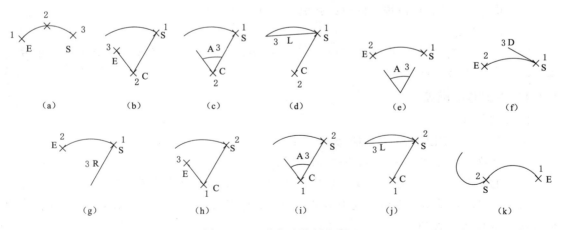

图 3.6 11 种方法绘制的圆弧

（2）需要强调的是"继续"方式，绘制的圆弧与上一线段圆弧相切。继续绘制圆弧段，只提供端点即可。

注意：绘制圆弧时，圆弧的曲率遵循逆时针方向，所以在单击指定圆弧两个端点和半径模式时，需要注意端点的指定顺序，否则有可能导致圆弧的凹凸形状与预期的相反。

3.2.3 圆环

1. 执行方式

（1）命令行：DONUT（快捷命令：DO）。

（2）菜单栏："绘图"→"圆环"。

（3）功能区：单击"默认"选项卡"绘图"面板中的"圆环"按钮 ◉ 。

2. 操作步骤

命令行提示如下：

命令：DONUT↙

指定圆环的内径＜默认值＞：指定圆环内径

指定圆环的外径＜默认值＞：指定圆环外径

指定圆环的中心点或＜退出＞：指定圆环的中心点

指定圆环的中心点或＜退出＞：继续指定圆环的中心点，则继续绘制相同内外径的圆环，按回车键、空格键或右击结束命令，如图 3.7（a）所示

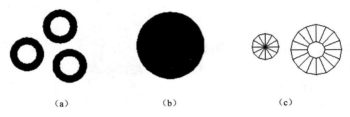

（a）   （b）   （c）

图 3.7　绘制圆环

3. 选项说明

（1）若指定内径为 0，则画出实心填充圆，如图 3.7（b）所示。

（2）用命令 FILL 可以控制圆环是否填充，具体方法如下：

命令：FILL↙

输入模式［开（ON）/关（OFF）］＜开＞：单击"开"表示填充，单击"关"表示不填充，如图 3.7（c）所示

3.2.4 椭圆与椭圆弧

1. 执行方式

（1）命令行：ELLIPSE（快捷命令：EL）。

（2）菜单栏："绘图"→"椭圆"→"椭圆弧"。

（3）工具栏：单击"绘图"工具栏中的"椭圆"按钮 ◌ 或"椭圆弧"按钮 ◌ 。

（4）功能区：单击"默认"选项卡"绘图"面板中的"圆心"按钮 ◉ 、"轴，端点"按钮 ◌ 或"椭圆弧"按钮 ◌ 。

2. 操作步骤

命令行提示如下：

命令：ELLIPSE↙

指定椭圆的轴端点或［圆弧（A）/中心点（C）］：指定轴端点 1，如图 3.8（a）所示

指定轴的另一个端点：指定轴端点 2，如图 3.8（a）所示

指定另一条半轴长度或 [旋转（R）]：

3．选项说明

（1）指定椭圆的轴端点：根据两个端点定义椭圆的第一条轴，第一条轴的角度确定了整个椭圆的角度。第一条轴既可定义椭圆的长轴，也可定义其短轴。

（2）圆弧（A）：用于创建一段椭圆弧，与"绘图"工具栏中的"椭圆弧"按钮 ⌒ 功能相同。其中第一条轴的角度确定了椭圆弧的角度。第一条轴既可定义椭圆弧的长轴，也可定义其短轴。单击该项，系统命令行中继续提示如下：

指定椭圆弧的轴端点或 [中心点（C）]：指定端点或输入 C↙

指定轴的另一个端点：指定另一端点

指定另一条半轴长度或 [旋转（R）]：指定另一条半轴长度或输入 R↙

指定起点角度或 [参数（P）]：指定起始角度或输入 P↙

指定端点角度或 [参数（P）/夹角（I）]：

其中各选项含义如下：

1）起点角度：指定椭圆弧端点的两种方式之一，光标与椭圆中心点连线的夹角为椭圆端点位置的角度，如图 3.8（b）所示。

2）参数（P）：指定椭圆弧端点的另一种方式，该方式同样用于指定椭圆弧端点的角度，但通过以下矢量参数方程式创建椭圆弧。

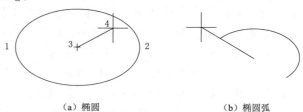

（a）椭圆　　　　　（b）椭圆弧

图 3.8　椭圆和椭圆弧

$$p(u)=c+a\cos u+b\sin u$$

式中：c 为椭圆的中心点；a 和 b 分别为椭圆的长轴和短轴；u 为光标与椭圆中心点连线的夹角。

3）夹角（I）：定义从起始角度开始的包含角度。

4）中心点（C）：通过指定的中心点创建椭圆。

5）旋转（R）：通过绕第一条轴旋转圆来创建椭圆。相当于将一个圆绕椭圆轴翻转一个角度后的投影视图。

注意： 椭圆命令生成的椭圆是以多义线还是以椭圆为实体，是由系统变量 PELLIPSE 决定的，当其为 1 时，生成的椭圆就以多义线形式存在。

3.3　绘制平面图形

3.3.1　矩形

1．功能

矩形命令可以绘制带有倒角、圆角和指定线宽矩形，还可以绘制 3D 设置中带有标高和厚度的矩形。

2．执行方式

（1）命令行：RECTANG（快捷命令：REC）。

（2）菜单栏："绘图"→"矩形"。

（3）工具栏：单击"绘图"工具栏中的"矩形"按钮 ▇。

（4）功能区：单击"默认"选项卡"绘图"面板中的"矩形"按钮 ▇。

3. 操作步骤

命令行提示如下：

命令：RECTANG↙

指定第一个角点或［倒角（C）/标高（E）/圆角（F）/厚度（T）/宽度（W）］：指定
角点

指定另一个角点或［面积（A）/尺寸（D）/旋转（R）］：

4. 选项说明

（1）第一个角点：通过指定两个角点确定矩形，如图 3.9（a）所示。

（2）倒角（C）：指定倒角距离，绘制带倒角的矩形，如图 3.9（b）所示。每一个角点
的逆时针和顺时针方向的倒角可以相同，也可以不同，其中第一个倒角距离是指角点逆时针
方向倒角距离，第二个倒角距离是指角点顺时针方向倒角距离。

（3）标高（E）：指定矩形标高（Z 坐标），即把矩形放置在标高为 Z 并与 XOY 坐标面
平行的平面上，并作为后续矩形的标高值。

（4）圆角（F）：指定圆角半径，绘制带圆角的矩形，如图 3.9（c）所示。

（5）厚度（T）：指定矩形的厚度，如图 3.9（d）所示。

（6）宽度（W）：指定线宽，如图 3.9（e）所示。

（7）面积（A）：指定面积和长或宽创建矩形。单击该项，命令行提示如下：

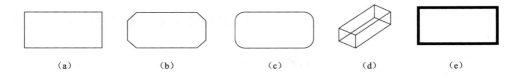

| （a） | （b） | （c） | （d） | （e） |

图 3.9　绘制矩形

输入以当前单位计算的矩形面积＜20.0000＞：输入面积值计算矩形标注时依据［长度
（L）/宽度（W）］＜长度＞：按回车键或输入"w"

输入矩形长度＜4.0000＞：指定长度或宽度

指定长度或宽度后，系统自动计算另一个维度，绘制出矩形。如果矩形被倒角或圆角，
则长度或面积计算中也会考虑此设置，如图 3.10 所示。

（8）尺寸（D）：使用长和宽创建矩形，第二个指定点将矩形定位在与第一角点相关的
4 个位置之一。

（9）旋转（R）：使所绘制的矩形旋转一定角度。单击该项，命令行提示如下：

指定旋转角度或［拾取点（P）］＜135＞：指定角度

指定另一个角点或［面积（A）/尺寸（D）/旋转（R）］：指定另一个角点或单击其他选项

指定旋转角度后，系统按指定角度创建矩形，如图 3.11 所示。

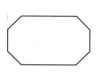  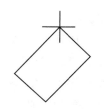

（a）倒角距离（1，1）　　　（b）圆角半径：1.0
面积：20　长度：6　　　　面积：20　宽度：6

图 3.10　按面积绘制矩形　　　　图 3.11　按指定旋转角度
绘制矩形

3.3.2　多边形

1. 功能

正多边形命令用于画正多边形，其边数为 3～1024，正多边形可以内接于圆，或者外切于圆，该圆为虚拟的圆，在绘图过程中并不存在。

2. 执行方式

（1）命令行：POLYGON（快捷命令：POL）。

（2）菜单栏："绘图"→"多边形"。

（3）工具栏：单击"绘图"工具栏中的"多边形"按钮 。

（4）功能区：单击"默认"选项卡"绘图"面板中的"多边形"按钮 。

3. 操作步骤

命令行提示如下：

命令：POLYGON✓

输入侧面数＜4＞：指定多边形的边数，默认值为 4

指定正多边形的中心点或［边（E）］：指定中心点

输入选项［内接于圆（I）/外切于圆（C）］＜I＞：指定是内接于圆或外切于圆

指定圆的半径：指定外接圆或内切圆的半径

4. 选项说明

（1）边（E）：单击该选项，则只要指定多边形的一条边，系统就会按逆时针方向创建该正多边形，如图 3.12（a）所示。

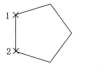

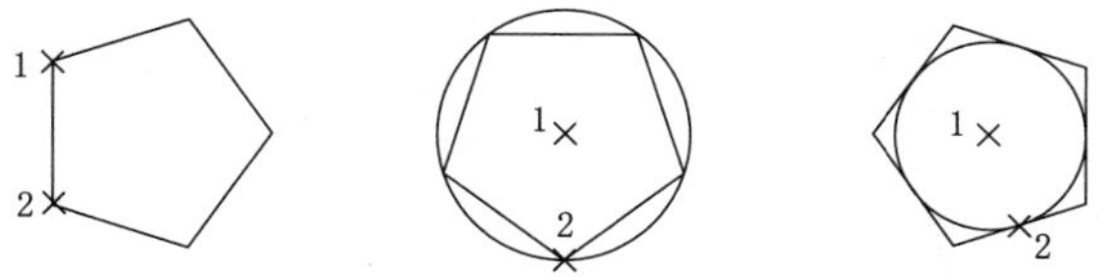

（a）　　　　　（b）　　　　　（c）

图 3.12　绘制正多边形

（2）内接于圆（I）：单击该选项，绘制的多边形内接于圆，如图 3.12（b）所示。

（3）外切于圆（C）：单击该选项，绘制的多边形外切于圆，如图 3.12（c）所示。

3.4　绘　制　点

点在 AutoCAD 2020 中有多种不同的表示方式，用户可以根据需要进行设置，也可以设置等分点和测量点。

3.4.1 点

1. 执行方式

（1）命令行：POINT（快捷命令：PO）。

（2）菜单栏："绘图"→"点"。

（3）工具栏：单击"绘图"工具栏中的"点"按钮 ▓。

（4）功能区：单击"默认"选项卡"绘图"面板中的"多点"按钮 ▓。

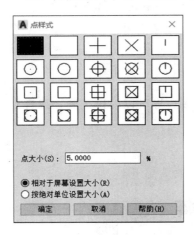

图 3.13 "点样式"对话框

2. 操作步骤

命令行提示如下：

命令：POINT↙

当前点模式：PDMODE＝0，PDSIZE＝0.0000

指定点：指定点所在的位置

3. 选项说明

（1）通过菜单方法操作时，"单点"命令表示只输入一个点，"多点"命令表示可输入多个点。

（2）可以按下状态栏中的"对象捕捉"按钮 ▓，设置点捕捉模式，有助于用户单击点。

（3）点在图形中的表示样式共有 20 种。可通过"DDP-TYPE"命令或选择菜单栏中的"格式"→"点样式"命令，打开"点样式"对话框来设置，如图 3.13 所示。

3.4.2 等分点

1. 执行方式

（1）命令行：DIVIDE（快捷命令：DIV）。

（2）菜单栏："绘图"→"点"→"定数等分"。

（3）功能区：单击"默认"选项卡"绘图"面板中的"定数等分"按钮 ▓。

2. 操作步骤

命令行提示如下：

命令：DIVIDE↙

选择要定数等分的对象：

输入线段数目或［块（B)]：指定实体的等分数

图 3.14（a）所示为绘制等分点的图形。

3. 选项说明

（1）等分数目范围为 2～32767。

（2）在等分点处，按当前点样式设置画出等分点。

（3）在第二提示行单击"块（B)"选项时，表示在等分点处插入指定的块。

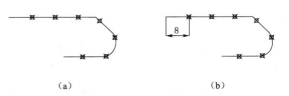

(a)   (b)

图 3.14 绘制等分点和测量点

3.4.3 测量点

1. 执行方式

（1）命令行：MEASURE（快捷命令：ME）。

（2）菜单栏："绘图"→"点"→"定距等分"。

（3）功能区：单击"默认"选项卡"绘图"面板中的"定距等分"按钮▨。

2. 操作步骤

命令行提示如下：

命令：MEASURE↙

选择要定距等分的对象：单击要设置测量点的实体

指定线段长度或［块（B）］：指定分段长度

图 3.14（b）所示为绘制测量点的图形。

3. 选项说明

（1）设置的起点一般是指定线的绘制起点。

（2）在第二提示行单击"块（B）"选项时，表示在测量点处插入指定的块。

（3）在等分点处，按当前点样式设置绘制测量点。

（4）最后一个测量段的长度不一定等于指定分段长度。

练 习 题

一、填空题

1. 在命令执行过程中，用户可以随时按（　　）键终止执行任何命令。

2. AutoCAD 中按（　　）、（　　）、（　　）键都会重复执行上一个命令。

3. 相对极坐标的正确表示方法是（　　）。

4. 透明命令指（　　）。

5. 出用三点方式画弧外，AutoCAD 系统默认（　　）方向画弧。

6. 正多边形的边数存储在系统变量中，当再次输入命令时系统提供的缺省值是（　　）。

7. POLYGON 命令最多可以绘制（　　）条边的正多边形。

8. 构造线是（　　）的直线。

9. 样条曲线的形状主要由（　　）控制。

10. 线段是由（　　）组成的一个组合体，他们既可以一起编辑，也可以分别编辑，还可以具有不同的宽度。

二、选择题

1. 下列方法中，（　　）不能绘制圆弧。

A. 起点、圆心、终点　　　　　　　　B. 起点、圆心、方向

C. 圆心、起点、长度　　　　　　　　D. 起点、终点、半径

2. 应用相切、相切、相切画圆时，下列说法正确的是（　　）。

A. 相切的对象必须是直线　　　　　　B. 从下拉菜单激活画圆命令

C. 不需要指定圆的半径但要指定圆心   D. 不需要指定圆心但要输入圆的半径

3. 圆的画法有（　　）种。

A. 1   B. 5

C. 4   D. 6

4. （　　）不属于绘图命令。

A. 射线   B. 删除

C. 圆   D. 多段线

5. AutoCAD 中用于绘制圆弧和直线结合体的命令是（　　）。

A. 圆弧   B. 构造线

C. 多段线   D. 样条曲线

三、判断题

1. 用 LINE 命令可以绘制出一系列直线段。（　　）

2. 构造线没有起点和终点。（　　）

3. AutoCAD 最多可以绘制有 1024 条边的正多边形。（　　）

4. RECTANG 命令允许根据指定的面积绘制矩形。（　　）

5. 用 CIRCLE 命令的"相切、相切、半径（T）"选项绘制圆时，得到的圆与选择相切对象时的选择位置无关。（　　）

6. 根据包含角绘制圆弧时，包含角有正、负之分。（　　）

7. 点对象只有一种样式。（　　）

四、上机操作题

利用直线、点、圆和圆弧等绘制图 3.15～图 3.19。

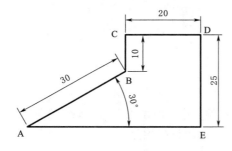

图 3.15　直线命令绘制的图形

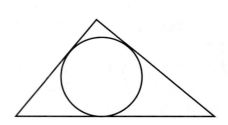

图 3.16　三角形及其内切圆

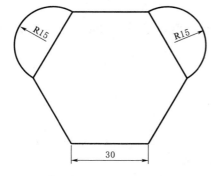

图 3.17　正六边形和圆弧

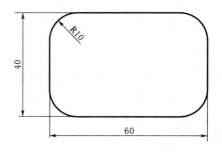

图 3.18　带圆角的矩形

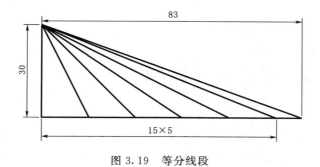

图 3.19 等分线段

资源 3.1
练习题答案

第 4 章　基 本 编 辑 命 令

绘制复杂二维图形时，在掌握绘制基本图形的基础上，需配合图形的编辑功能来完成复杂图形的绘制操作，AutoCAD 2020 提供了非常完善的图形编辑功能，具有一系列图形基本编辑工具，包括镜像、旋转、阵列、拉伸、打断、偏移和修剪等，掌握这些基本编辑功能并通过综合应用，便可绘制出复杂的二维图形。

4.1 目 标 选 择

在编辑基本图形之前，首先要对图形进行选择。AutoCAD 2020 中亮显的虚线框内表示所选择的对象，如果选择了多个对象，那么这些对象便构成了选择集，选择集可包含单个对象，也可包含单个对象。AutoCAD 2020 中提供多种目标选择模式，在命令行中输入 SELECT 命令，在命令行"选择对象"提示下输入任何无效命令后按回车键或空格键，AutoCAD 2020 便提供多种目标选择信息提示，输入对应的命令，选择相应的选项即可指定对象的选择模式。命令行提示内容如下：

资源 4.1
选取图形

命令：SELECT

选择对象:? ＊无效选择＊

需要点或窗口（W）/上一个（L）/窗交（C）/框（BOX）/全部（ALL）/栏选（F）/圈围（WP）/圈交（CP）/编组（G）/添加（A）/删除（R）/多个（M）/前一个（P）/放弃（U）/自动（AU）/单个（SI）/子对象（SU）/对象（O）

4.1.1　设置对象选择模式

在选择对象之前，应对对象的选择模式进行设置，在 AutoCAD 2020 中，利用"选项"对话框可以设置对象选择模式，用户可用以下方法打开"选项"对话框。

（1）执行"工具"→"选项"命令，如图 4.1 所示。

（2）在绘图区右击，在弹出的快捷菜单中选择"选项"命令，如图 4.2 所示。

（3）在命令行中输入 OPTIONS（快捷命令 OP），然后按回车键或空格键，如图 4.3 所示。

执行上述任意操作后，系统将打开"选项"对话框，在对话框"选择集"选项卡中可进行选择模式的设置，如图 4.4 所示。

在"选择集模式"选项组中，AutoCAD 2020 提供多种选项，其各个复选框功能介绍如下：

（1）先选择后执行：该选项用于执行大多数修改命令时调换传统的次序。可以在命令提示下，先选择图对象，再执行修改命令。

图 4.1 "工具"→"选项"命令

图 4.2 快捷菜单中选择"选项"命令

（2）用 Shift 键添加到选择集：勾选该复选框，将激活一个附加选择方式，即需要按住 Shift 键才能添加新对象。

（3）对象编组：勾选该复选框，若选组中的任意一个对象，则该组对象所在的组都将被选中。

（4）关联图案填充：勾选该复选框，若选择关联填充的对象，则填充的边界对象也被选中。

图 4.3 命令行中输入快捷命令 OP

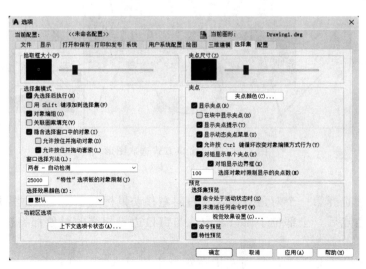

图 4.4 "选择集"选项卡

（5）隐含选择窗口中的对象：勾选该复选框，在绘图区用鼠标拖动或者用定义对角线的

方法定义出一个矩形即可进行对象的选择

（6）允许按住并拖动对象：勾选该复选框，可以按住定点设备的拾取按钮，拖动光标确定选择窗口。

4.1.2　用拾取框选择单个实体

在命令行中输入 SELECT 命令，默认情况下光标会变成拾取框，之后单击选择对象，系统将检索选中的图形对象。在"隐含窗口"处于打开状态时，若拾取框中没有选中图形对象，则该选择将变为窗口或交叉窗口的第一角点。该方法既方便又直观，但选择排列密集的对象时，此方法不宜使用。

注意：不是所有的命令都支持先选择后执行的操作模式，例如修剪、延伸、打断、倒角和圆角命令就不支持先选择后执行的操作模式。

4.1.3　窗口方式和窗交方式

对于选择排列密集的对象时，AutoCAD 2020 提供窗口方式和窗交方式两种快捷方式，下面介绍通过窗口方式和窗交方式选取图形的操作。

4.1.3.1　窗口方式

在图形窗口中选择第一个对角点，从左向右移动鼠标显示出一个实线形，如图 4.5 所示。选择第二个角点后，选取的对象为完全包含在实线矩形中的对象，不在该窗口内的或者只有部分在该窗口内的对象则不被选中，如图 4.6 所示。

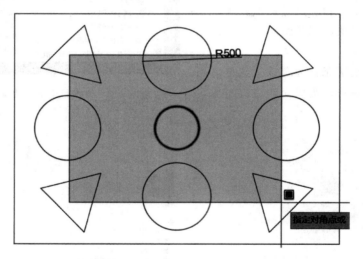

图 4.5　通过窗口方式选取图形

4.1.3.2　窗交方式

在图形窗口中选择第一个对角点后，从右向左移动鼠标显示一个虚线矩形，如图 4.7 所示，选择第二个角点后，全部位于窗口之内或与窗口边界相交的对象都将被选中，如图 4.8 所示。

在窗交方式下并不是只能从右向左拖动矩形来进行选择，可在命令行中输入 SELECT 命令，按回车键，然后输入"?"再按回车键，根据命令行的提示选择"窗交（C）"选项，此时也可以从左向右选取图形对象。

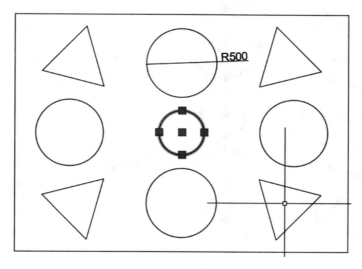

图 4.6　窗口选取效果

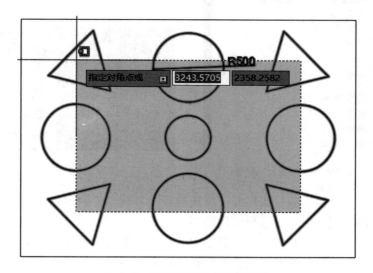

图 4.7　通过窗交方式选取图形

注意：AutoCAD 2020 中对这两种选取方式有非常明显的提示，例如：窗口框选的边界是实线，窗交框选的边界是虚线；窗口选框为蓝色，窗交选框为绿色。

4.1.4　快速选择图形对象

当需要选择具有某些共同特性的对象时，可在"快速选择"对话框中进行相应的设置，根据图形对象的图层、颜色、图案填充等特性和类型来创建选择集。

在 AutoCAD 2020 中，用户可以通过以下方法执行"快速选择"命令：

（1）执行"工具"→"快速选择"命令，如图 4.9 所示。

（2）在"默认"选项卡的"实用工具"面板中单击"快速选择"按钮，如图 4.10 所示。

（3）在命令行中输入 QSELECT，然后按回车键。

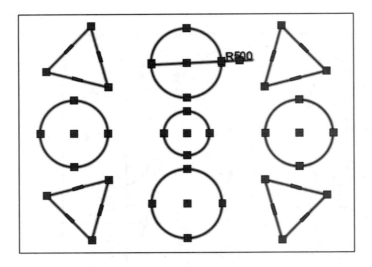

资源 4.2

快速选择

图 4.8　窗交方式选取效果

图 4.9　"工具"→"快速选择"命令　　　图 4.10　"实用工具"面板中"快速选择"按钮

执行以上任意一种操作后，会打开"快速选择"对话框，如图 4.11 所示。

在"如何应用"选项组中可选择应用的范围。若选中"包括在新选择集中"单选按钮，则表示将按设定的条件创建新选择集；若选中"排除在新选择集之外"单选按钮，则表示将按设定条件选择对象，选择的对家将被排除在选择集之外，即根据这些对象之外的其他对象创建选择集。

【示例 4.1】　利用"快速选择"对话框将图 4.12 中所有半径为 500 的圆选中。

步骤 1　单击"实用工具"面板中的"快速选择"按钮，打开"快速选择"对话框，在"对象类型"下拉列表中选择"圆"选项，如图 4.13 所示。

步骤 2　在"特性"列表框中，选择"半径"选项，然后在"值"文本框中输入 500，如图 4.14 所示。

步骤 3　单击"确定"按钮，即可将图形中所有半径为 500 的圆选中，如图 4.15 所示。

4.1.5　编组选择图形对象

编组选择是将图形对象进行编组，以创建一种选择集。编组是已命名的对象选择集，并随图形一起保存。AutoCAD 2020 中用户可以通过以下方法执行"编组"命令：

图 4.11 "快速选择"对话框

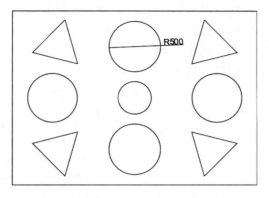

图 4.12 快速选择对象前

图 4.13 设置对象类型

图 4.14 设置对象特性图

（1）在"默认"选项卡的"组"面板中单击"编组管理器"按钮，如图 4.16 所示。

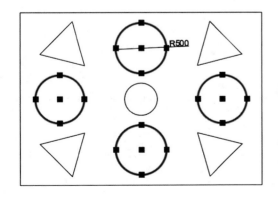

图 4.15 快速选择对象后

图 4.16 "组"面板中"编组管理器"按钮

（2）在命令行中输入 CLASSICGROUP，然后按回车键。

执行以上任意一种操作后，会打开"对象编组"对话框，如图 4.17 所示。利用该对话框除了可创建对象编组以外，还可以对编组进行编辑。可在"编组名"列表框中选中要修改的编组，然后在"修改编组"选项组中单击以下按钮进行操作。

（1）添加或删除：可在编组中添加或删除对象。

（2）重命名：可以重命名编组。

（3）重排：可以重新对编组对象进行排序。

（4）说明：可以为编组添加对象。

（5）分解：可以取消编组。

（6）可选择的：可以设置编组的可选择性。

【示例 4.2】　利用"对象编组"对话框选中所有五角星进行编组。

步骤 1　单击"组"面板中的"编组管理器"按钮，打开"对象编组"对话框，在"编组名"文本框中输入"五角星"，在"创建编组"选项组中单击"新建"按钮，如图 4.18 所示。

步骤 2　返回至绘图区并根据命令提示，将图形中所有五角星选中，如图 4.19 所示。

步骤 3　按回车键返回至"对象编辑"对话框，在"编组名"列表框中保持刚创建好的编组的"可选择的"状态为"是"，如图 4.20 所示。

步骤 4　单击"确定"按钮，即可完成对象的编组，然后返回至绘图区，若单击编组中任意一个五角星，则所有的五角星将整体被选中，如图 4.21 所示。

图 4.17　"对象编组"对话框

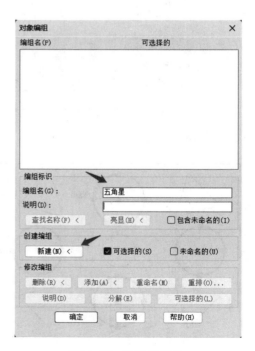

图 4.18　设置编组名

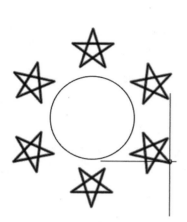

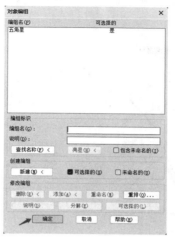

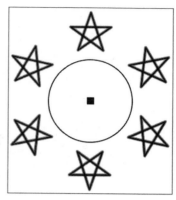

图 4.19 选择要进行
编辑的对象

图 4.20 保持"可选择的"
状态为"是"

图 4.21 对象编组后的
选择效果

4.2 删 除 图 形

在绘制图形的时候，经常需要删除一些辅助或错误的图形。在 AutoCAD 2020 中，用户可以通过以下方法执行"删除"命令：

（1）执行"修改"→"删除"命令，如图 4.22 所示。

（2）在"默认"选项卡的"修改"面板中单击"删除"按钮，如图 4.23 所示。

（3）在命令行中输入 ERASE（快捷命令 E），然后按回车键。

图 4.22 "修改"→"删除"命令

图 4.23 "修改"面板中"删除"按钮

【示例 4.3】 删除组合图形中的三角形。

步骤 1 在命令行中输入快捷命令 E，然后按回车键，选择要删除的图形，如图 4.24 所示。

步骤 2 选择图形后，按回车键即可将选中的图形删除掉，如图 4.25 所示。

提示：在命令行中输入 OOPS 命令，即可启动恢复删除命令，但只能恢复最后一次利用"删除"命令删除的对象。

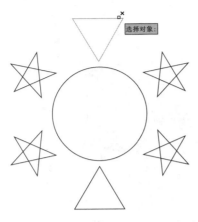

图 4.24 选择要删除的图形

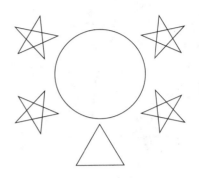

图 4.25 删除效果

4.3 图形的基本操作

在绘制图形时，使用"复制""阵列"等命令可以复制对象，创建与原对象相同或相似的图形。

4.3.1 复制图形

复制对象是将原对象保留，移动原对象的副本图形，复制后的对象将继承原对象的属性。在 AutoCAD 2020 中，用户可以通过以下方法执行"复制"命令。

资源 4.3
复制、阵列、删除

（1）执行"修改"→"复制"命令，如图 4.26 所示。

（2）在"默认"选项卡的"修改"面板中单击"复制"按钮，如图 4.27 所示。

图 4.26 "修改"→"复制"命令

图 4.27 "修改"面板中"复制"按钮

（3）在命令行中输入 COPY（快捷命令 CO），然后按回车键。

执行上述复制命令后，命令行的提示内容如下：

命令：Copy↙

选择对象：找到 1 个

选择对象

当前设置：复制模式＝单个

指定基点或［位移（D）/模式（O）/多个（M）］＜位移＞：

指定第二个点或［阵列（A）］＜使用第一个点作为位移＞：

命令：＊取消＊

其中，命令行中部分选项含义介绍如下：

（1）指定基点：确定复制的基点。

（2）位移：确定复制的位移量。

（3）模式：确定复制的模式是单个复制还是多个复制。

（4）阵列：可输入阵列的项目数复制多个图形对象。

系统将所选对象按两点的位移矢量进行复制。如果选择"使用第一个点作为位移选项"，系统将基点的各坐标分量作为复制位移量进行复制，

【示例 4.4】　执行"复制"命令对六边形对象进行复制。

步骤 1　单击"修改"面板中的"复制"按钮，选择要进行复制的对象，如图 4.28 所示。

步骤 2　按回车键后，选取六边形底部端点作为位移基点，然后开启"极轴功能"，并保持水平向右移动光标，如图 4.29 所示。

步骤 3　在命令行中输入 1500，确定位移的第二点位置，按回车键后即可完成复制操作，如图 4.30 所示。

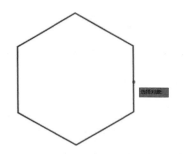

图 4.28　选择要复制的对象

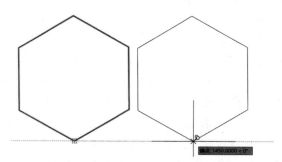

图 4.29　向右移动光标

提示：复制模式选择"多个"后，第一次复制完成后，可继续指定位移第二点，两次按回车键即可完成多次复制操作。

4.3.2　阵列图形

"阵列"命令是一种有规则的复制命令，在命令行中输入快捷命令 AR 并按回车键，选取要阵列的对象后按回车键，命令行将显

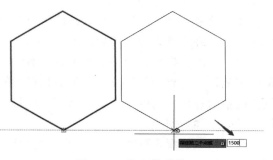

图 4.30　输入位移值

示"选择对象",输入阵列类型"[矩形(R)/路径(PA)/极轴(PO)]"的提示信息,可见阵列图形的方式包括矩形阵列、环形阵列和路径阵列 3 种。

4.3.2.1　矩形阵列图形

在 AutoCAD 2020 中,用户可以通过以下方法执行"矩形阵列"命令。

(1)在菜单栏中执行"修改"→"阵列"→"矩形阵列"命令,如图 4.31 所示。

(2)在"默认"选项卡的"修改"面板中单击"矩形阵列"按钮,如图 4.32 所示。

(3)在命令行中输入 ARRAYRECT,然后按回车键。

图 4.31　"修改"→"阵列"→"矩形阵列"命令　　　图 4.32　"修改"面板中"矩形阵列"按钮

执行"矩形阵列"命令后,系统将自动生成 3 行 4 列的矩形阵列,命令行提示内容如下:

命令:_arrayrect↙

选择对象:找到 1 个

选择对象:

类型＝矩形:关联＝是

ARRAYRECT 选择夹点以编辑阵列或[关联(AS)基点(B)计数(COU)间距(S)列数(COL)行数(R)层数(L)退出(x)]＜退出＞:

其中,命令行中部分选项含义介绍如下。

(1)关联:指定阵列中的对象是关联的还是独立的。

(2)基点:定义阵列基点和基点夹点的位置。其中"基点"指定用于在阵列中放置项目的基点;"关键点"是对于关联阵列,在源对象上指定有效的约束(或关键点)以与路径对齐。

(3)计数:指定行数和列数并使用户在移动光标时可以动态观察结果。其中"表达式"是基于数学公式或方程式的导出值。

(4)间距:指定行间距和列间距并使用户在移动光标时可以动态观察结果。"行间距"是指定从每个对象的相同位置测量的每行之间的距离。"列间距"是指定从每个对象的相同位置测量的每列之间的距离。"单位"是通过设置等同于间距的矩形区域的每个角点来同时指定行间距和列间距。

(5)列数:编辑列数和列间距。"列数"用于设置栏数。"列间距"用于指定从每个对象的相同位置测量的每列之间的距离。"总计"用于指定从开始和结束对象上的相同位置测量的起点和终点列之间的总距离。

（6）行数：指定阵列中的行数、行与行之间的距离以及行之间的增量标高。"行数"用于设定行数。"行间距"指定从每个对象的相同位置测量的每行之间的距离。"总计"指定从开始和结束对象上的相同位置测量的起点行和终点行之间的总距离。"增量标高"用于设置每个后续行的增大或减小的标高。"表达式"是基于数学公式或方程式的导出值。

（7）层数：指定三维阵列的层数和层间距。"层数"用于指定阵列中的层数。"层间距"用在 Z 坐标值中指定每个对象等效位置之间的差值。"总计"在 Z 坐标值中指定第一个和最后一个层中对象等效位置之间的总差值。"表达式"是基于数学公式或方程式的导出值。

【示例 4.5】 使用"矩形阵列"命令，对六边形对象进行阵列。

步骤 1 单击"修改"面板中的"矩形阵列"按钮，选择要进行阵列的对象，如图 4.33 所示。

图 4.33 选择对象

步骤 2 选好图形后，按回车键，系统自动将图形矩形阵列 3 行 4 列，如图 4.34 所示。

步骤 3 根据命令行的提示，在命令行中输入 COU 并按回车键，选择"计数"选项，然后输入列数为 3，行数为 2，如图 4.35 所示。

步骤 4 按回车键完成图形阵列的设置，最终阵列效果如图 4.36 所示。

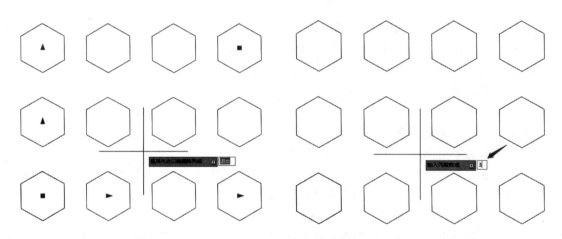

图 4.34 矩形阵列　　　　　　图 4.35 设置列数与行数

提示：单击阵列后的图形对象，即可打开"阵列"选项卡，进行阵列参数设置，如图 4.37 所示。

4.3.2.2 环形阵列图形

环形阵列是绕某个中心点或旋转轴形成的环形图案平均分布对象副本。通过以下方法可以执行"环形阵列"命令。

（1）在菜单栏中执行"修改"→"阵列"→"环形阵列"命令，如图 4.38 所示。

（2）在"默认"选项卡的"修改"面板中单击

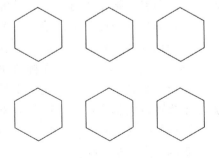

图 4.36 最终阵列效果

图 4.37 "阵列"选项卡

"环形阵列"按钮，如图 4.39 所示。

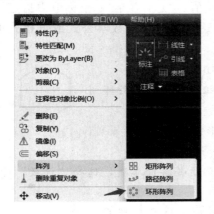

图 4.38 "修改"→"阵列"→"环形阵列"命令

图 4.39 "修改"面板中"环形阵列"按钮

（3）在命令行中输入 ARRAYPOLAR，然后按回车键。

执行"环形阵列"命令后，命令行提示内容如下所示：

命令：_ARRAYPOLAR↙

选择对象：找到 1 个

选择对象：

类型＝极轴；关联＝是

指定阵列的中心点或［基点（B）/旋转轴（A）］：

选择夹点以编辑阵列或［关联（AS）基点（B）项目（I）项目间角度（A）填充角度
（F）行（ROW）层（L）旋转项目（ROT）退出（x）］＜退出＞：

其中，命令行中部分选项含义介绍如下。

（1）指定阵列的中心点：指定分布阵列项目所围绕的点。旋转轴是当前 UCS 的 Z 轴。

（2）旋转轴：指定由两个点定义的自定义旋转轴。

（3）项目：指使用值或表达式指定阵列中的项目数。

（4）项目间角度：指使用值或表达式指定项目之间的角度。

（5）填充角度：指使用值或表达式指定阵列中第一个和最后一个项目之间的角度。

（6）旋转项目：指控制在排列项目时是否旋转项目。

提示：默认情况下，填充角度若为正值，表示将沿逆时针方向环形阵列对象；若为负值
则表示将沿顺时针方向环形阵列对象。

【示例 4.6】 使用"环形阵列"命令，对图形对象进行阵列。

步骤 1 单击"修改"面板中的"环形阵列"按钮，根据命令行的提示选择要阵列的对
象，指定圆心为阵列的中心点，如图 4.40 所示。

步骤 2 系统自动复制 6 个图形，然后再命令行中输入 I 并按回车键，选择"项目"选项，如图 4.41 所示。

步骤 3 按回车键后，输入阵列中的项目数为 12，如图 4.42 所示。

步骤 4 两次按回车键即可完成环形阵列操作，阵列效果如图 4.43 所示。

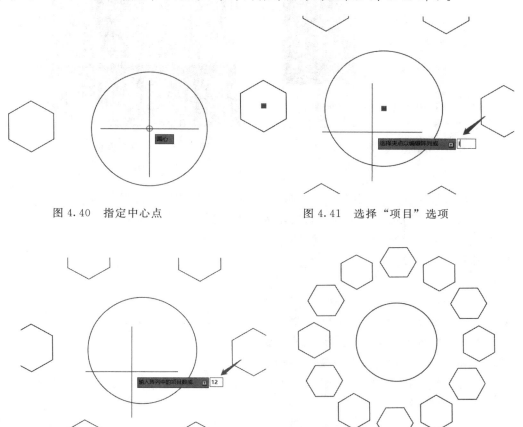

图 4.40 指定中心点   图 4.41 选择"项目"选项

图 4.42 设置项目数   图 4.43 环形阵列效果

提示：单击环形阵列后的图形对象，即可打开"阵列"选项卡，进行阵列参数设置，如图 4.44 所示。

图 4.44 "阵列"选项卡

4.3.2.3 路径阵列图形

路径阵列是沿整个路径或部分路径平均分布对象副本，路径可以是曲线、弧线、折线等所有开放型线段。用户可以通过以下方法执行"路径阵列"命令。

（1）执行"修改"→"阵列"→"路径阵列"命令，如图 4.45 所示。

（2）在"默认"选项卡的"修改"面板中单击"路径阵列"按钮，如图 4.46 所示。

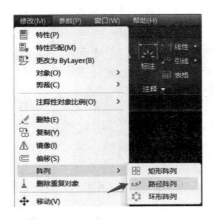

图 4.45 "修改"→"阵列"→
"路径阵列"命令

图 4.46 "修改"面板中
"路径阵列"按钮

（3）在命令行中输入 ARRAY（快捷命令 AR），选择"路径阵列"选项。

执行"路径阵列"命令后，命令行提示内容如下所示：

命令：_ARRAYPATH↙

选择对象：找到 1 个

选择对象：类型＝路径　关联＝是

选择路径曲线：

选择夹点以编辑阵列或［关联（AS）方法（M）基点（B）切向（T）项目（I）行（R）层（L）对齐项目（A）Z 方向（Z）退出（X）］＜退出＞：

其中，命令行中部分选项的含义介绍如下：

（1）路径曲线：指定用于阵列路径的对象。可以选择直线、多段线、三维多段线、样条曲线、螺旋弧、圆或椭圆。

（2）方法：指定如何沿路径分布项目。"定数等分"是将指定数量的项目沿路径的长度均匀分布。"定距等分"是以指定的间隔沿路径分布项目。

（3）切向：指定阵列中的项目按照相对于路径的起始方向对齐。

（4）项目：根据"方法"设置，指定项目数或项目之间的距离。"沿路径的项目数"（当"方法"为"定数等分"时可用）用于使用值或表达式指定阵列中的项目数。"沿路径的项目之间的距离"（当"方法"为"定距等分"时可用）用于使用值或表达式指定阵列中的项目的距离。默认情况下，使用最大项目数填充阵列，这些项目使用输入的距离填充路径。也可以启用"填充整个路径"，以便在路径长度更改时调整项目数。

（5）对齐项目：指定是否对齐每个项目以与路径的方向相切。对齐相对于第一个项目的方向。

（6）Z 方向：控制是否保持项目的原始 Z 方向或沿三维路径自然倾斜项目。

【示例 4.7】 使用"路径阵列"命令，将图形对象进行阵列复制。

步骤 1 单击"修改"面板中的"路径阵列"按钮，选择要阵列的对象，如图 4.47 所示。

步骤 2 按回车键后，根据命令行的提示，选择路径曲线，如图 4.48 所示。

步骤 3 在出现的"阵列创建"选项卡中,设置项间距为 1500,如图 4.49 所示。

步骤 4 设置完成后,两次按回车键即可完成路径阵列操作,阵列效果如图 4.50 所示。

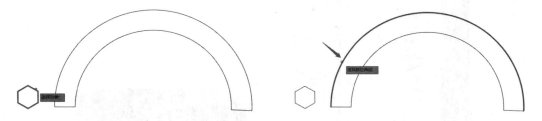

图 4.47 选择阵列对象   图 4.48 选择路径曲线

图 4.49 "阵列创建"选项卡

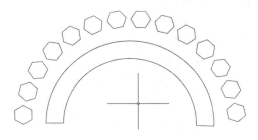

图 4.50 路径阵列效果

4.4 缩 放 图 形

比例缩放是将选择的对象按照一定的比例来进行放大或缩小。在 AutoCAD 2020 中,用户可以通过以下方法执行"缩放"命令。

(1) 执行"修改"→"缩放"命令,如图 4.51 所示。

(2) 在"默认"选项卡的"修改"面板中单击"缩放"按钮,如图 4.52 所示。

(3) 在命令行中输入 SCALE(快捷命令 SC),然后按回车键。

执行"缩放"命令后,命令行提示内容如下所示;

命令:_SCALE↙

选择对象:找到 1 个

选择对象:

指定基点:

指定比例因子或〔复制(C)参照(R)〕:

资源 4.4
缩放、镜像

图 4.51 "修改"→"缩放"命令   图 4.52 "修改"面板中"缩放"按钮

其中,命令行中各选项含义介绍如下。

(1) 比例因子:按指定的比例放大选定对象的尺寸。大于 1 的比例因子使对象放大。介于 0 和 1 之间的比例因子使对象缩小。

(2) 复制:创建要缩放的选定对象的副本。

(3) 参照:按参照长度和指定的新长度缩放所选对象。

【示例 4.8】 将如图 4.53 所示的五角星图形放大 2 倍。

步骤 1 执行"修改"→"缩放"命令,选择缩放对象,并指定基点,然后输入比例因子为 2,如图 4.53 所示。

步骤 2 设置完成参数后,按回车键即可放大图形对象,效果如图 4.54 所示。

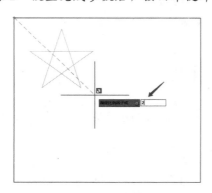

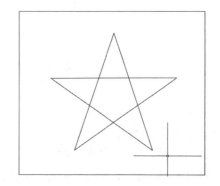

图 4.53 五角星图形   图 4.54 放大 2 倍的效果

4.5 拉 伸 图 形

"拉伸"命令用于拉伸窗交窗口部分包围的对象。移动完全包含在窗交窗口中的对象或单独选定的对象。圆、椭圆和块无法拉伸。在 AutoCAD 2020 中,用户可以通过以下方法执行"拉伸"命令。

（1）执行"修改"→"拉伸"命令，如图 4.55 所示。

（2）在"默认"选项卡的"修改"面板中单击"拉伸"按钮，如图 4.56 所示。

图 4.55 "修改"→"拉伸"命令

图 4.56 "修改"面板中"拉伸"按钮

（3）在命令行中输入 STRETCH（快捷命令 S），然后按回车键。

执行"拉伸"命令后，命令行提示内容如下：

命令：_STRETCH↙

以交叉窗口或交叉多边形选择要拉伸的对象

选择对象：指定对角点；找到 2 个

选择对象：

指定基点或［位移（D）］＜位移＞：

指定第二个点或＜使用第一个点作为位移＞：

在"选择对象"命令提示下，可输入 C（窗交窗口方式）或 CP（不规则窗交窗口方式），将位于选择窗口之内的对象进行位移，与窗口边界相交的对象按规则拉伸、压缩和移动。

对于直线、圆弧、区域填充等图形对象，如果整个对象均在选择窗口内，则对象将被移动；如果只有对象的一部分在选择窗口内，则出现以下 5 种情况。

（1）直线：位于窗口外的端点不动，位于窗口内的端点移动。

（2）圆弧：与直线类似，但在圆弧改变的过程中，圆弧的弦高保持不变，同时调整圆心的位置和圆弧的起始角、终止角的值。

（3）区域填充：位于窗口外的端点不动；位于窗口内的端点移动。

（4）多段线：与直线和圆弧相似，但多段线两端的宽度、切线方向及曲线拟合信息均不变。

（5）其他对象：如果其定义点在选择窗口内，则对象发生移动；否则不动，其中，圆的定义点为圆心，形和块的定义点为插入点，文字和属性的定义点为字符串基线的左端点。

提示：在使用 STRETCH 命令时 AutoCAD 2020 只能识别最新的交叉窗口选择集，以前的选择集将被忽略。

4.6 镜 像 图 形

镜像可以按指定的镜像线翻转对象，创建出对称的镜像图形，该功能经常用于绘制对称图形。在 AutoCAD 2020 中，用户可以通过以下方法执行"镜像"命令。

（1）执行"修改"→"镜像"命令，如图 4.57 所示。

（2）在默认选项卡的"修改"面板中单击"镜像"按钮，如图 4.58 所示。

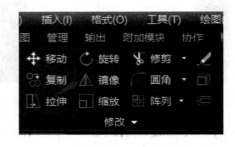

图 4.57 "修改"→"镜像"命令　　　图 4.58 "修改"面板中"镜像"按钮

（3）在命令行中输入 MIRROR（快捷命令 MI），然后按回车键。

执行"镜像"命令后，命令行提示内容如下所示：

命令：_MIRROR↙

选择对象：找到 1 个

选择对象：指定镜像线的第一点；

指定镜像线的第二点：

MIRROR 要删除源对象吗？［是（Y）否（N）］＜否＞：

【示例 4.9】 使用"镜像"命令，对图形进行镜像操作。

步骤 1　执行"修改"→"镜像"命令，选择图形对象，如图 4.59 所示。

步骤 2　按回车键后，指定矩形底边中点为镜像线第一点，如图 4.60 所示。

步骤 3　确定是否删除源对象，按回车键选择"否"选项，如图 4.61 所示。

步骤 4　执行完命令后，镜像效果如图 4.62 所示。

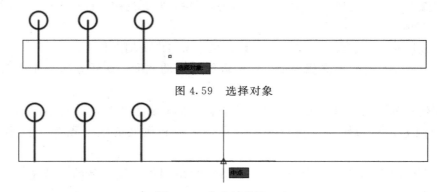

图 4.59 选择对象

图 4.60 指定镜像第一点

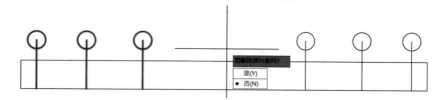

图 4.61 保留源对象

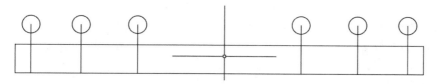

图 4.62 镜像效果

4.7 移 动 图 形

移动图形对象是指在不改变对象方向和大小的情况下，将其从当前位置移动到新的位置。在 AutoCAD 2020 中，用户可以通过以下方法执行"移动"命令：

（1）执行"修改"→"移动"命令，如图 4.63 所示。

（2）在"默认"选项卡的"修改"面板中单击"移动"按钮，如图 4.64 所示。

（3）在命令行中输入 MOVE（快捷命令 M），然后按回车键。

资源 4.5
移动、旋转

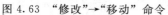

图 4.63 "修改"→"移动"命令

图 4.64 "修改"面板中单击"移动"按钮

【示例 4.10】 使用"移动"命令，移动图形。

步骤 1 单击"修改"面板中的"移动"按钮，选择要移动的对象，如图 4.65 所示。

步骤 2 按回车键后，根据命令行的提示指定基点，如图 4.66 所示。

步骤 3　指定基点后，在绘图区合适的位置指定第二个点，如图 4.67 所示。

步骤 4　命令执行完以后，最终效果如图 4.68 所示。

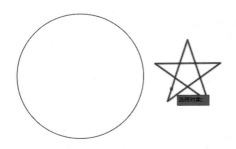

图 4.65　选择要移动的对象

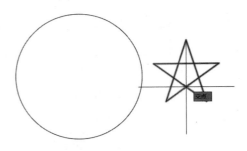

图 4.66　指定基点

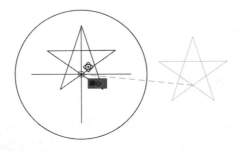

图 4.67　指定第二个点

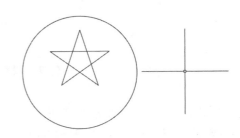

图 4.68　移动效果

4.8　偏　移　图　形

偏移是对选择的对象进行偏移，偏移后的对象与原对象具有相同的形状。在 AutoCAD 2020 中，用户可以通过以下方法执行"偏移"命令。

（1）在菜单栏中单击"修改"→"偏移"命令，如图 4.69 所示。

（2）单击"常用"→"修改"→"偏移"按钮，如图 4.70 所示。

图 4.69　"修改"→"偏移"命令

图 4.70　"常用"→"修改"→"偏移"命令

（3）在命令行中输入 OFFSET（快捷命令 O），按回车键。

执行上述"偏移"命令后，命令行提示内容如下：

命令：_OFFSET↙

当前设置：删除源＝否；图层＝源；OFFSETGAPTYPE＝0

指定偏移距离或［通过（T）/删除（E）/图层（L）］＜通过＞：100

选择要偏移的对象，或［退出（E）/放弃（U）］＜退出＞：

指定要偏移的那一侧上的点，或［退出（E）多个（M）放弃（U）］＜退出＞：

使用该命令时要注意以下几点：

（1）只能以直接拾取方式选择对象。

（2）如果用给定偏移方式复制对象，距离值必须大于 0。

（3）如果给定的距离值或通过点的位置不合适，或者指定的对象不能由"偏移"命令确认，系统将会给出相应提示。

（4）对不同对象执行"偏移"命令后会产生不同的结果。

【示例 4.11】 使用"偏移"命令，对椭圆进行偏移。

步骤 1 单击"常用"→"修改"→"偏移"命令，指定偏移距离为 200，如图 4.71 所示。

步骤 2 选择椭圆，然后在椭圆内单击，指定要偏移那一侧上的点，即可进行偏移，效果如图 4.72 所示。

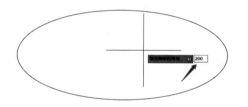

图 4.71 输入偏移值

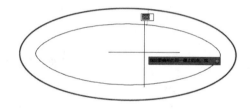

图 4.72 偏移效果

注意：对圆弧进行偏移复制后，新圆弧与旧圆弧有同样的包含角。但新圆弧的长度发生了改变。当对圆或圆弧进行偏移复制后，新圆半径和新椭圆轴长会发生变化，圆心不会改变。

4.9 旋 转 图 形

旋转图形是将图形以指定的角度绕基点进行旋转。在 AutoCAD 2020 中，用户可以通过以下方法执行"旋转"命令。

（1）执行"修改"→"旋转"命令，如图 4.73 所示。

（2）在"默认"选项卡的"修改"面板中单击"旋转"按钮，如图 4.74 所示。

（3）在命令行中输入 ROTATE（快捷命令 RO），然后按回车键。

【示例 4.12】 使用"旋转"命令，旋转小汽车图形使其保持水平。

步骤 1 单击"修改"面板中的"旋转"按钮，选择旋转对象并指定基点后，输入旋转角度为 15，如图 4.75 所示。

步骤 2 按回车键，即可得到旋转 15°的图形，然后执行"移动"命令，将其放置在图形的合适位置，如图 4.76 所示。

图 4.73 "修改"→"旋转"命令　　　　　图 4.74 "修改"面板中的"旋转"按钮

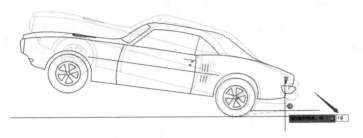

图 4.75 输入旋转角度

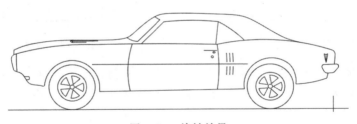

图 4.76 旋转效果

4.10 打 断 图 形

打断图形是指删除图形上的某一部分或将图形分成两部分，在 AutoCAD 2020 中，用户可以通过以下方法执行"打断"命令。

（1）在菜单栏中执行"修改"→"打断"命令，如图 4.77 所示。

（2）单击"修改"面板中"打断"按钮，如图 4.78 所示。

（3）在命令行中输入 BREAK（快捷命令 BR），按回车键。

执行上述"打断"命令后，命令行提示内容如下：

命令：_BREAK↙

选择对象：

指定第二个打断点或 ［第一点（F）］：

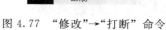

图 4.77　"修改"→"打断"命令　　图 4.78　"修改"面板中"打断"按钮

其中，命令行中各选项含义介绍如下：

（1）指定第二个打断点：确定第二个断点，即选择对象时的拾取点为第一断点，在此基础上确定第二断点。

（2）第一点：用于重新确定第一个断点。

（3）提示：应用打断拾取对象方式

如果在此直接通过拾取方式确定对象上的另一点，系统将删除对象上位于所确定两点之间的那部分。如果输入@并按回车键，系统会在选择对象时的拾取点处将对象一分为二。如果在对象的一端之外确定一点，系统将删除位于确定两点之间的那一段对象。如果对圆执行"打断"命令，系统会沿逆时针方向将圆上第一个打断点到第二个打断点之间的那段圆弧删除。

4.11 修 剪 图 形

"修剪"命令可对超出图形边界的线段进行修剪。在 AutoCAD 2020 中，用户可以通过以下方法执行"修剪"命令。

（1）执行"修改"→"修剪"命令，如图 4.79 所示。

（2）在"默认"选项卡的"修改"面板中单击"修剪"按钮，如图 4.80 所示。

（3）在命令行中输入 TRIM（快捷命令 TR），然后按回车键。

执行"修剪"命令后，命令行提示内容如下：

命令：_TRIM

当前设置：投影＝UCS，边＝无

选择剪切边…

选择对象或＜全部选择＞：找到 1 个

选择对象：

选择要修剪的对象，或按住 Shift 键选择要延伸的对象，或

TRIM［栏选（F）窗交（C）投影（P）边（E）删除（R）放弃（U）］：

图 4.79 "修改"→"修剪"命令 　　图 4.80 "修改"面板中"修剪"按钮

其中，命令行中各选项的含义如下：

（1）选择要修剪的对象，或按住 Shift 键选择要延伸的对象：选择对象进行修剪或延伸它到已选取的剪切边，此选项为默认项。

（2）栏选：选择与选择栏相交的所有对象。选择栏是一系列临时线段，它们是用两个或多个栏选点指定的。选择栏不构成闭合环。

（3）窗交：选择矩形区域（由两点确定）内部或与之相交的对象。

（4）投影：指定修剪对象时使用的投影方式。"无"指定无投影，该命令只修剪与三维空间中的剪切边相交的对象。"UCS"指定在当前用户坐标系 XY 平面上的投影，该命令将修剪不与三维空间中的剪切边相交的对象。"视图"指定沿当前观察方向的投影，该命令将修剪与当前视图中的边界相交的对象。

（5）边：确定对象是在另一对象的延长边处进行修剪，还是仅在三维空间中与该对象相交的对象处进行修剪。"延伸"沿自身自然路径延伸剪切边使它与三维空间中的对象相交。"不延伸"指定对象只在三维空间中与其相交的剪切边处修剪。

【示例 4.13】 使用"修剪"命令，对图形对象进行修剪。

步骤 1 单击"修改"面板中的"修剪"按钮，选择剪切边，然后选择要修剪的对象，如图 4.81 所示。

步骤 2 选择完成后按回车键确定，最终效果如图 4.82 所示。

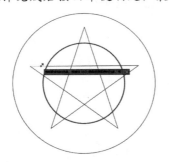

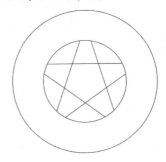

图 4.81 选择要修剪的对象 　　　　图 4.82 修剪效果

4.12 延 伸 图 形

"延伸"命令是将指定的图形对象延伸到指定的边界。在 AutoCAD 2020 中，用户可通过下列方法执行"延伸"命令。

（1）执行"修改"→"延伸"命令，如图 4.83 所示。

（2）在"默认"选项卡的"修改"面板中单击"延伸"按钮，如图 4.84 所示。

图 4.83 "修改"→"延伸"命令

图 4.84 "修改"面板中"延伸"按钮

（3）在命令行中输入 EXTEND（快捷命令 EX），然后按回车键。

执行"延伸"命令后，命令行提示内容如下：

命令：_EXTEND

当前设置：投影＝UCS，边＝无

选择边界的边…

选择对象或＜全部选择＞：找到 1 个

选择对象：

选择要延伸的对象，或按住 Shift 键选择要修剪的对象，或

［栏选（F）窗交（C）投影（P）边（E）放弃（U）］：

【示例 4.14】 使用"延伸"命令，对图形对象进行延伸。

步骤 1 单击"修改"面板中"延伸"按钮，选择边界，如图 4.85 所示。

步骤 2 选择完成后按回车键确定，最终效果如图 4.86 所示。

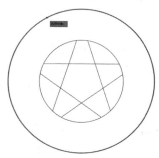

图 4.85 选择边界

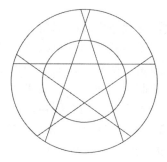

图 4.86 延伸效果

4.13 倒 角 与 圆 角

图形的倒角与圆角主要用来对图形进行修饰。倒角是将相邻的两条直角边进行倒角，而圆角则是通过指定的半径圆弧来进行倒角。

4.13.1 倒角

在 AutoCAD 2020 中，用户可以通过以下方法执行"倒角"命令。

（1）执行"修改"→"倒角"命令，如图 4.87 所示。

（2）在"默认"选项卡的"修改"面板中单击"倒角"按钮，如图 4.88 所示。

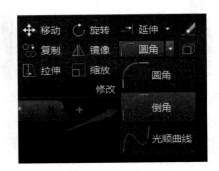

图 4.87 "修改"→"倒角"命令　　图 4.88 "修改"面板中"倒角"按钮

（3）在命令行中输入 CHAMFER（快捷命令 CHA），然后按回车键。

执行"倒角"命令后，命令行提示内容如下：

命令：_CHAMFER

（"修剪"模式）当前倒角距离 1＝100.0000，距离 2＝100.0000

CHAMFER 选择第一条直线或［放弃（U）多段线（P）距离（D）角度（A）修剪（T）方式（E）多个（M）］：

命令行中第二行说明了当前的倒角模式以及倒角距离。其中，命令行中部分选项含义如下：

（1）多段线：对整条多段线倒角。

（2）角度：用第一条线的倒角距离和第二条线的角度设定倒角距离。

（3）修剪：控制"倒角"命令是否将选定的边修剪到倒角直线的端点。

（4）方式：控制"倒角"命令使用两个距离还是一个距离和一个角度来创建倒角。

（5）多个：为多组对象的边倒角。

【示例 4.15】 使用"倒角"命令，对图形进行倒角，倒角距离为 700。

步骤 1　单击"修改"面板中的"倒角"按钮，选择"距离"选项，如图 4.89 所示。

步骤 2　根据命令行的提示，确定距离均为 700，如图 4.90 所示。

步骤 3 选择要倒角的两条直线，如图 4.91 所示。

步骤 4 执行完命令后，最终效果如图 4.92 所示。

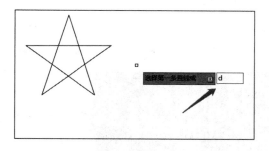

图 4.89 选择距离选项

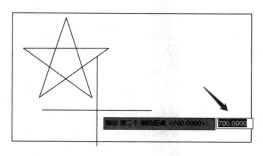

图 4.90 输入倒角距离

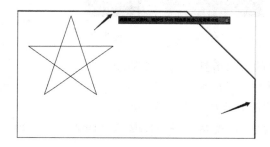

图 4.91 选择直线

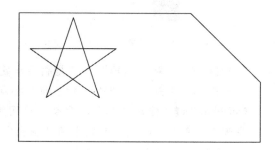

图 4.92 倒角最终效果

提示：倒角时，如果倒角距离设置得过大或距离角度无效，系统将会给出提示。因两条直线平行或发散造成不能倒角，系统也会提示。对相交两边进行倒角且倒角后修剪倒角边时，AutoCAD 2020 总会保留选择倒角对象时所选取的那一部分。将两个倒角距离均设为 0，则利用"倒角"命令可延伸两条直线使它们相交。

4.13.2 圆角

在 AutoCAD 2020 中，用户可以通过以下方法执行"圆角"命令。

（1）执行"修改"→"圆角"命令，如图 4.93 所示。

（2）在默认选项卡的"修改"面板中单击"圆角"按钮，如图 4.94 所示。

（3）在命令行中输入 FILLET（快捷命令 F），然后按回车键。

执行"圆角"命令后，命令行提示内容如下：

命令：_FILLET↙

当前设置：模式＝修剪，半径＝700.0000

选择第一个对象或［放弃（U）多段线（P）半径（R）修剪（T）多个（M）］：

命令行中第二行说明了当前圆角的修剪模式和圆角半径。此外，命令行中部分选项含义如下：

（1）多段线：在二维多段线中两条直线段相交的每个顶点处插入圆角圆弧。

（2）半径：定义圆角圆弧的半径。

图 4.93 "修改"→"圆角"命令　　　图 4.94 "修改"面板中"圆角"按钮

（3）修剪：控制"圆角"命令是否将选定的边修剪到圆角圆弧的端点。

（4）提示：在执行"圆角"命令前。必须查看圆角半径。

【示例 4.16】 使用"圆角"命令，为图形添加圆角，半径为 700。

步骤 1　单击"修改"面版中的"圆角"按钮，选择"半径"选项，输入半径 700，如图 4.95 所示。

步骤 2　按回车键，选择要倒角的边，最终效果如图 4.96 所示。

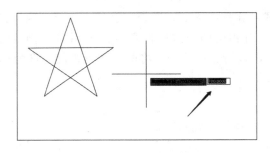
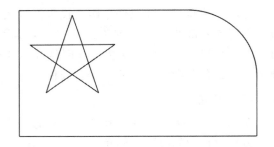

图 4.95　指定圆角半径　　　　　　图 4.96　圆角最终效果

4.14　编 辑 夹 点 模 式

夹点就是对象上的控制点。在 AutoCAD 2020 中，夹点是一种集成的编辑模式。使用夹点功能，可以将对象拉伸、移动、复制、缩放以及镜像等。

使用夹点功能编辑对象的操作步骤如下：选择要编辑的对象，此时在该对象上将会出现若干小方格，这些小方格称为对象的特征点。将光标移到希望设置为基点的特征点上，单击，该特征点会默认以红色显示，表示其为基点。选取基点后，利用夹点功能可以对相应的对象进编辑操作，如图 4.97 所示。

（1）拉伸对象。默认情况下激活夹点后，夹点操作模式为拉伸，如图4.98所示。

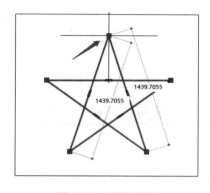
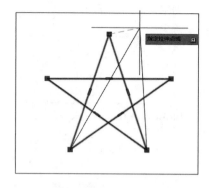

图 4.97　编辑夹点　　　　　　　　　　图 4.98　拉伸对象

（2）移动对象。移动对象可将图影对象从当前位置移动到新的位置，也可以进行多次复制。选择要移动的对象，进入夹点选择状态，按回车键即可进入移动编辑模式，如图4.99所示。

（3）旋转对象。旋转图形对象可以将图形对象绕基点进行旋转，还可以进行多次旋转复制。选择要旋转的图形对象，进入夹点选择状态，连续两次按回车键，即可进入旋转编辑模式，如图4.100所示。命令行提示内容如下：

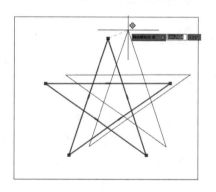
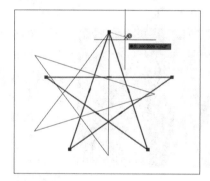

图 4.99　移动对象　　　　　　　　　　图 4.100　旋转对象

** 旋转 **

指定旋转角度或［基点（B）复制（C）放弃（U）参照（R）退出（X）］：

其中，命令行中部分选项含义如下：

（1）指定旋转角度：确定旋转角度，直接输入角度值，或采用拖动的方式确定旋转角度，系统将对象绕基点进行旋转。

（2）参照：以参考方式旋转对象。

（3）提示：默认情况下，用户直接输入要旋转的角度值，也可采用拖动方式确定相对旋转角。

（4）缩放对象。缩放图形对象可以将图形对象相对于基点缩放，同时也可以进行多次复制。选择要缩放的图形对象，进入夹点选择状态，连续3次按回车键，即可进入缩放编辑模式，如图4.101所示。

（5）镜像对象。镜像图形对象与"镜像"命令的功能类似，可以把图形对象按指定的镜

像线进行镜像。选择要镜像的图形对象，进入夹点选择状态，连续 4 次按回车键，即可进入
镜像编辑模式，如图 4.102 所示。

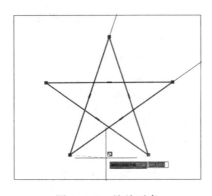

图 4.101　缩放对象

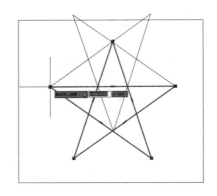

图 4.102　镜像对象

　　提示：激活夹点编辑模式后可通过输入下列字母直接进入某种编辑方式：MI（镜像）、
MO（移动）、RO（旋转）、SC（缩放）、ST（拉伸）。

4.15　编 辑 多 段 线

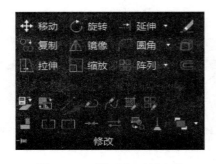

图 4.103　"修改"面板中的
"编辑多段线"按钮

　　创建完多段线之后，可对多段线进行相应的编辑操
作，单击"默认"选项卡的"修改"面板中的"编辑多
段线"按钮，如图 4.103 所示，命令行提示内容如下：
　　命令：_PEDIT↙
　　选择多段线或［多条（M）］：
　　输入选项［闭合（C）合并（J）宽度（W）编辑顶
点（E）拟合（F）样条曲线（S）非曲线化（D）线型
生成（L）反转（R）放弃（U）］：
　　其中，命令行中部分选项含义如下：
　　（1）合并：只用于二维多段线，该选项可将其他圆
弧、直线、多段线连接到已有的多段线上，不过连接端点必须精确重合。
　　（2）宽度：只用于二维多段线，指定多段线宽度。当输入新宽度值后，先前生成的宽度
不同的多段线都统一使用该宽度值。
　　（3）编辑顶点：用于提供一组子选项，使用户能够编辑顶点和与顶点相邻的线段。
　　（4）拟合：用于创建圆弧拟合多段线（即由圆弧连接每对定点），该曲线将通过多段线
的所有顶点并使用指定的切线方向。
　　（5）样条曲线：可生成由多段线顶点控制的样条曲线，所生成的多段线并不一定通过这
些顶点，样条类型分辨率由系统变量控制。
　　（6）非曲线化：用于取消拟合或样条曲线，回到初始状态。
　　（7）线型生成：可控制非连续线型多段线顶点处的线型。如"线型生成"为关，在多段
线顶点处将采用连续线型，否则在多段线顶点处将采用多段线自身的非连续线型。

（8）反转：用于反转多段线。

如果在多段线编辑状态下选择"编辑顶点"选项，此时系统将把当前顶点标记为×，如图 4.104 所示。命令行提示内容如下：

［下一个（N）上一个（P）打断（B）插入（I）移动（M）重生成（R）拉直（S）切向（T）宽度（W）退出（X）］＜N＞：

其中，各选项的含义如下：

（1）打断：可将多段线一分为二或删除一段多段线。其中，第一个打断点为选择打断选

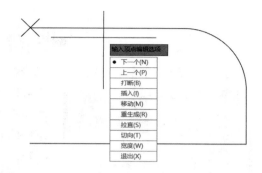

图 4.104 编辑顶点

项时的当前顶点，接下来可选择下一个/上一个移动顶点标记，最后输入 G 可完成打断。

（2）插入：可在当前顶点与下一顶点之间插入一个新顶点。

（3）重生成：用于重生成多段线以观察编辑效果。

（4）拉直：删除当前顶点与所选顶点之间的全部顶点，并用直线段代替原线段。

（5）切向：调整当前标记顶点处的切向方向，以控制曲线拟合状态。

（6）宽度：设置当前顶点与下一个顶点之间的多段线的始末宽度。

【示例 4.17】 使用"编辑多段线"命令，对图 4.104 所示的多段线图形进行编辑操作。

步骤 1 单击"修改"面板中的"编辑多段线"命令，选择图形对象后，输入 W，选择"宽度"选项，如图 4.105 所示。

步骤 2 按回车键后，输入新宽度值为 30，如图 4.106 所示。

步骤 3 确定宽度值后，按回车键即可得到新增宽度的多段线，如图 4.107 所示。

步骤 4 输入 C 选择"闭合"选项，然后按回车键即可将多段线闭合，再次按回车键完成多段线的编辑，如图 4.108 所示。

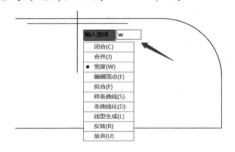

图 4.105 选择"宽度"选项

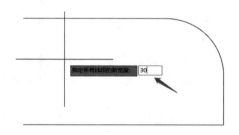

图 4.106 输入新宽度值为 30

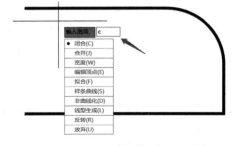

图 4.107 选择"闭合"选项

图 4.108 编辑多段线效果

4.16 编 辑 多 线

利用"多线"命令绘制的图形对象不一定能够满足要求，这时就需要对其进行编辑。用户可以通过添加或删除顶点，并且控制角点接头的显示来编辑多线，还可以通过编辑多线样式来更改单个直线元素的属性或更改多线的末端封口和背景填充。

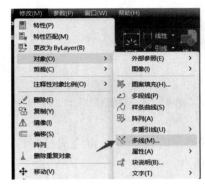

图 4.109 "修改"→"对象"→
"多线"菜单命令

4.16.1 编辑多线交点

使用多线绘制图形时，其线段难免会有交叉、重叠的现象，此时只需利用"多线编辑工具"功能，即可对线段进行修改编辑。

执行"修改"→"对象"→"多线"菜单命令，如图4.109所示。弹出"多线编辑工具"对话框，该对话框提供了12个编辑多线的选项。利用这些选项可以对十字形、T形及有拐角和顶点的多线进行编辑，还可以截断和连接多线，如图4.110所示。

其中，有 7 个选项用于编辑多线交点，其功能如下：

（1）十字闭合：在两条多线间创建一个十字闭合的交点。选择的第一条多线将被剪切。

（2）十字打开：在两条多线间创建一个十字打开的交点。如果选择的第一条多线的元素超过两个，则内部元素也被剪切。

（3）十字合并：在两个多线间创建一个十字合并的交点。与所选多线的顺序无关。

（4）T形闭合：在两条多线间创建一个 T 形闭合交点。

（5）T形打开：在两条多线间创建一个 T 形打开交点。

（6）T形合并：在两条多线间创建一个 T 形合并交点。

（7）角点结合：在两条多线间创建一个角点结合，修剪或拉伸第一条多线，与第二条多线相交。

【示例 4.18】 使用"多线编辑"命令图形进行多线编辑。

步骤 1 执行"修改"→"对象"→"多线"菜单命令，在打开的对话框中单击"T 形合并"按钮，如图 4.111 所示。

步骤 2 在绘图区中选择第一条多线，如图 112 所示，然后选择相应的第二条多线，如图 4.113 所示。

步骤 3 选择第二条多线后，系统自动对选择的多线进行编辑，效果如图 4.114 所示。

4.16.2 编辑多线顶点

"多线编辑工具"对话框提供两个编辑多线顶点的选项，即"添加顶点"和"删除顶点"。删除一个定点，则将生成一条直的多段线，以连接删除顶点的两侧顶点，有可能令多线形状发生改变。

【示例 4.19】 删除多线的顶点。

步骤 1 打开"多线编辑工具"对话框，单击"删除顶点"按钮，然后在图形上单击顶点位置，如图 4.115 所示。

步骤 2 选择多线顶点后，系统自动将其删除，如图 4.116 所示。

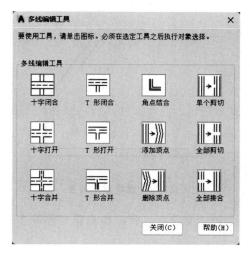

图 4.110 "多线编辑工具"对话框　　　图 4.111 单击"T形合并"按钮

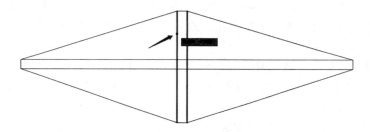

图 4.112 选择第一条多线

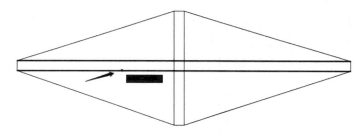

图 4.113 选择第二条多线

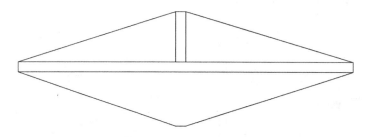

图 4.114 T形合并效果

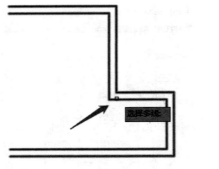
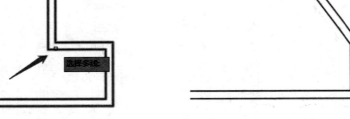

图 4.115 选择多线顶点   图 4.116 删除顶点效果

提示：添加顶点就是在选择多线的指定位置添加一个顶点。删除顶点就是删除多线的一个指定顶点。

4.16.3 剪切多线

"多线编辑工具"对话框中的其余 3 个选项用于对多线进行剪切和修复剪切。在使用这些选项时，首先选择多线，然后选择多线上的第二个点，系统将剪切指定的点和第二点之间的多线或修复两点间的多线。

【示例 4.20】 使用"多线编辑工具"对话框，对图 4.117 所示的图形进行剪切。

步骤 1 打开"多线编辑工具"对话框，单击"单个剪切"按钮，选取多线以及第二点进行剪切，如图 4.118 所示。

步骤 2 在"多线编辑工具"对话框中单击"全部剪切"按钮，选取多线以及第二点，将多线进行全部剪切，如图 4.119 所示。

步骤 3 在"多线编辑工具"对话框中单击"全部结合"按钮，将剪切过的如图 4.119 所示的多线进行结合，选取多线并选取第二点，如图 4.120 所示。多线结合效果如图 4.117 所示。

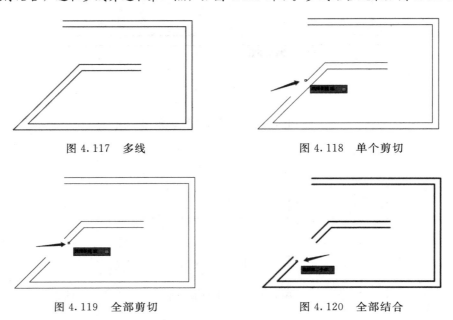

图 4.117 多线   图 4.118 单个剪切

图 4.119 全部剪切   图 4.120 全部结合

4.17 视窗的缩放与平移

"缩放"命令用于增加或减少视图区域，对象的真实性保持不变。"平移"命令用于查看当前视图中的不同部分，不用改变视图大小。

4.17.1 视窗的缩放

缩放视图可以增加或减少图形对象的屏幕显示尺寸，以便观察图形的整体结构和局部细节。缩放视图不改变对象的真实尺寸，只改变显示的比例。

在 AutoCAD 2020 中，用户可以通过以下方法执行"缩放"命令。

（1）执行"视图"→"缩放"命令中的子命令，如图 4.121 所示。

（2）在"视图"选项卡的"导航"面板中单击相关的"缩放"按钮，如图 4.122 所示。

（3）在命令行中输入 ZOOM（快捷命令 Z），然后按回车键。

图 4.121 "缩放"命令

图 4.122 动态缩放

在命令行中输入 ZOOM，然后按回车键，命令行提示内容如下：

命令：ZOOM✓

指定窗口的角点，输入比例因子（nX 或 nXP），或者

［全部（A）中心（C）动态（D）范围（E）上一个（P）比例（S）窗口（W）对象（O）］＜实时＞：

其中，命令行中各选项含义如下：

（1）全部：显示整个图形中的所有对象。

（2）中心：在图形中指定一点，然后指定一个缩放比例因子或者指定高度值来显示一个新视图，指定的点将作为该视图的中心点。

（3）动态：用于动态缩放视图。当进入动态模式时，在屏幕中将显示一个带 x 的矩形方框，如图 4.123 所示。单击，窗口中心的 x 消失，显示一个位于右边框的方向箭头，拖动鼠标可以更改选择窗口的大小，以确定选择区域，按回车键即可缩放图形。

（4）范围：在绘图区中尽可能大地显示所有图形对象。与全部缩放模式不同的是，范围缩放使用的显示边界只是图形范围而不是图形界限。

图 4.123　动态缩放视图

（5）窗口：通过用户在屏幕上拾取两个对角点以确定一个矩形窗口，系统将矩形范围内的图形放大至整个屏幕。

（6）实时：在该模式下，光标变为放大镜符号。按住鼠标左键向上拖动光标可放大整个图形；向下拖动光标可缩小整个图形；释放鼠标按键停止缩放。

【示例 4.21】　使用"窗口"缩放命令，放大图形对象。

步骤 1　单击"二维导航"面板中的"窗口"缩放按钮，在图形左上角位置单击，指定第一个角点，然后向右下方移动光标，拖出一个矩形框指定放大图形的区域，该矩形的中心是新的显示中心，如图 4.124 所示。

步骤 2　在合适的位置单击，确定其对角点位置，同时 AutoCAD 将尽可能地将该矩形区域内的图形放大以充满整个绘图窗口，如图 4.125 所示。

图 4.124　指定放大图形区域

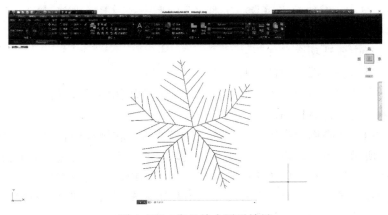

图 4.125　窗口放大图形效果

4.17.2 视窗的平移

在绘制图形的过程中，由于某些图形比较大，在放大进行绘制及编辑时，其余图形对象将不能进行显示，如果要显示绘图区边上或绘图区外的图形对象，但是不想改变图形对象的显示比例时，则可以使用平移视图功能，移动图形对象。

在 AutoCAD 2020 中，用户可以通过以下方法执行"平移"命令：

（1）在"视图"选项卡的"二维导航"面板中单击"平移"按钮。

（2）在命令行中输入快捷命令 P，然后按回车键。

（3）执行"视图"→"平移"命令中的子命令，如图 4.126 所示。从中既可以左、右、上、下平移视图，还可以使用实时和定点命令平移视图。

1）实时：鼠标光标变为手形形状，按住鼠标左键拖动，窗口中的图形就可以按拖动的方向移动。释放鼠标，即返回到平移的等待状态。

图 4.126　视图平移

2）定点：可通过制定基点和位移值来平移视图。

上 机 操 作

（1）绘制墙体轮廓线。

步骤 1　执行"格式"→"图层"命令，打开"图层特性管理器"对话框，单击"新建图层"按钮，创建一个名为"轴线"的图层，设置其颜色为红色，并选择合适的虚线为线型，如图 4.127 所示。

图 4.127　创建"轴线"图层

步骤 2　继续单击"新建图层"按钮，创建"墙体"和"门窗"图层，并设置相应的颜色和线型，如图 4.128 所示。

步骤 3　双击"轴线"图层，将其设置为当前图层，然后关闭"图层特性管理器"对话框。执行"直线"命令，绘制一个长为 8140mm，宽为 6640mm 的矩形，如图 4.129 所示。

图 4.128 创建其他图层

步骤 4 选中矩形，执行"修改"→"特性"命令，打开"特性"选项板，在"常规"展卷栏中设置"轴线"的"线型比例"为 10，如图 4.130 所示。

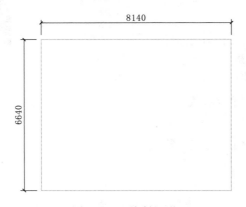

图 4.129 绘制矩形

图 4.130 "特性"面板

步骤 5 关闭"特性"面板，执行"偏移"命令，设置偏移距离为 4300，选择矩形的下边线后，向上移动光标至合适位置单击，指定要偏移的那一侧上的点，如图 4.131 所示。

步骤 6 继续执行"偏移"命令，将矩形的左边线依次向右偏移 1300mm、2000mm、1400mm，偏移效果如图 4.132 所示。

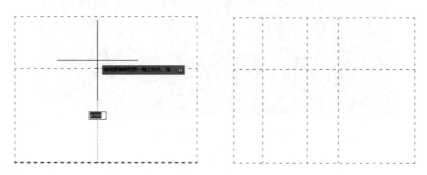

图 4.131 指定要偏移的那一侧上的点

图 4.132 偏移效果

步骤 7 将"墙体"图层设置为当前图层，执行"多线"命令，对比例、对正选项进行设置，如图 4.133 所示。命令行提示内容如下：

命令：MLINE↙

当前设置：对正＝上，比例＝20.00，样式＝STANDARD

指定起点或［对正（J）/比例（S）/样式（ST）］：J↙

输入对正类型［上（T）/无（Z）/下（B）］＜上＞：Z↙

当前设置：对正＝无，比例＝20.00，样式＝STANDARD

指定起点或［对正（J）/比例（S）/样式（ST）］：S↙

输入多线比例＜20.00＞：240↙

当前设置：对正＝无，比例＝240.00，样式＝STANDARD

步骤 8　根据命令提示，通过指定一系列的点，沿轴线绘制出墙体，效果如图 4.134 所示。

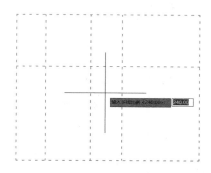

图 4.133　设置多线比例

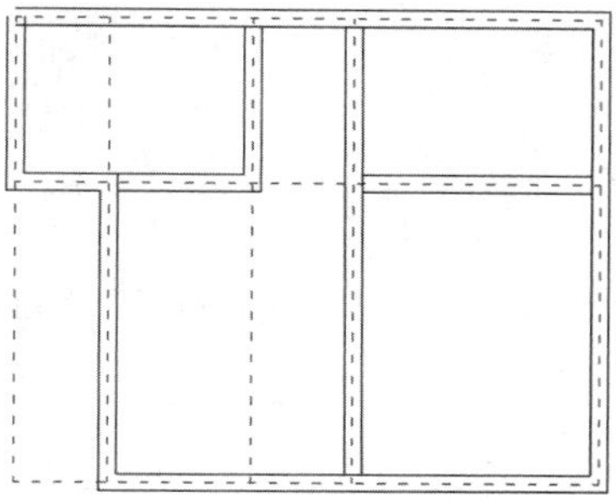

图 4.134　绘制多线

步骤 9　关闭"轴线"图层，执行"修改"→"对象"→"多线"命令，在打开的"多线编辑工具"对话框中单击"角点结合"按钮，如图 4.135 所示。

步骤 10　返回至绘图区，根据命令提示先选择第一条多线，然后选择第二条多线，即可将图形的左上角闭合，如图 4.136 所示。

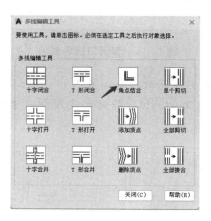

图 4.135　单击"角点结合"按钮

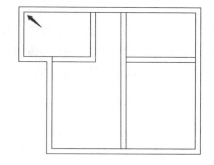

图 4.136　角点结合效果

步骤 11　按两次回车键返回至"多线编辑工具"对话框，单击"T 形打开"按钮，如图 4.137 所示。

步骤 12　对图形中 T 形闭合部分的图形进行编辑，最终效果，如图 4.138 所示。

步骤 13　执行"直线"命令，绘制多条辅助线，执行"偏移"命令，将绘制好的辅助线进行偏移，预留出门洞和窗洞，如图 4.139 所示。

步骤 14 将"门窗"图层设置为当前图层，执行"修剪"命令，修剪出门洞和窗洞，如图 4.140 所示。

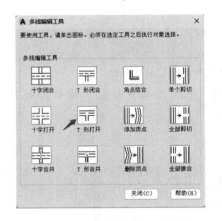

图 4.137 单击"T 形打开"按钮

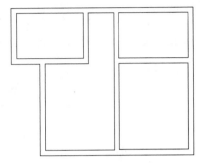

图 4.138 多线编辑效果

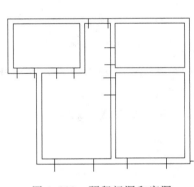

图 4.139 预留门洞和窗洞

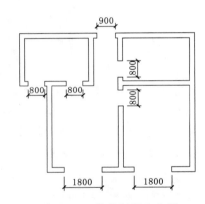

图 4.140 修剪门洞和窗洞

步骤 15 执行"直线"命令，将图形中所有的窗洞封闭，如图 4.141 所示。

步骤 16 执行"偏移"命令，设置偏移距离为 80mm，将封闭线段向内进行偏移，完成窗户图形的绘制，效果，如图 4.142 所示。

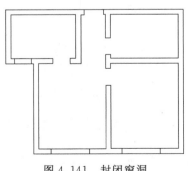

图 4.141 封闭窗洞

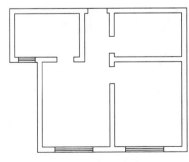

图 4.142 绘制窗户

步骤 17 执行"直线"命令，绘制一条长为 900mm 的辅助线，然后执行"矩形"命令，捕捉直线的左端点，绘制一个长为 40mm，宽为 900mm 的矩形，如图 4.143 所示。

步骤 18 执行"圆"命令，再次捕捉直线的左端点，绘制半径为 900mm 的圆，如图 4.144 所示。

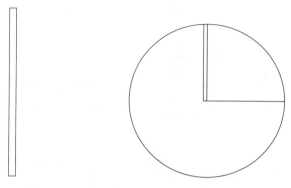

图 4.143 绘制直线和矩形　　　　图 4.144 绘制圆

步骤 19 执行"修剪"命令，修剪掉圆的多余部分并删除辅助线，即可完成单扇平开门图形的绘制，如图 4.145 所示。

步骤 20 执行"移动"命令，指定矩形左下角端点为基点，移动绘制完成的单扇平开门图形，如图 4.146 所示。

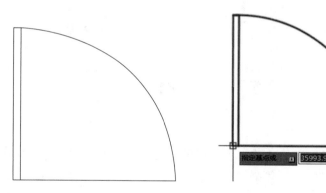

图 4.145 完成单扇平开门的绘制　　　图 4.146 指定基点

步骤 21 确定位移的第二点后，即可获得门图形的移动效果，如图 4.147 所示。

步骤 22 按照同样的操作方法，绘制尺寸为 800×40 的门图形，然后执行"复制""旋转""镜像"等命令，对其进行复制，完成其他房间门的绘制，最终效果如图 4.148 所示。

（2）利用"矩形""直线"和"镜像"命令绘制墙体轮廓，然后利用"偏移""直线"和"倒角"命令绘制飘窗，如图 4.149 所示。

（3）绘制如图 4.150 所示的图形。首先利用"矩形"命令绘制大概的轮廓线，然后使用"直线"和"偏移"命令绘制内部，最后使用"镜像"命令，对相同的部分进行镜像复制。

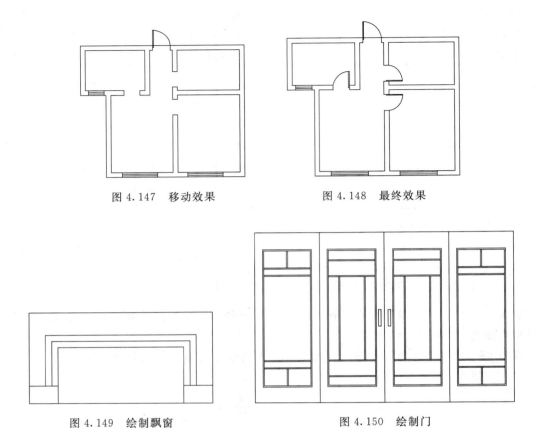

图 4.147 移动效果   图 4.148 最终效果

图 4.149 绘制飘窗   图 4.150 绘制门

练 习 题

一、填空题

1. 使用（　　　）命令可以增加或减少视图区域，而使对象的真实尺寸保持不变。

2. 偏移图形指对指定圆弧和圆等做（　　　）复制。对于（　　　）而言，由于圆心为无穷远，因此可以平行复制。

3. 使用（　　　）命令可以按指定的镜像线翻转对象，创建出对称的镜像图形。

二、选择题

1. 使用"旋转"命令旋转对象时，（　　　）。

A. 必须指定旋转角度   B. 必须指定旋转基点

C. 必须使用参考方式   D. 可以在三维空间旋转对象

2. 使用"延伸"命令进行对象延伸时，（　　　）。

A. 必须在二维空间中延伸   B. 可以在三维空间中延伸

C. 可以延伸封闭线框   D. 可以延伸文字对象

3. 在执行"圆角"命令时，应先设置（　　　）。

A. 圆角半径   B. 距离

C. 角度值 D. 内部块

4. 使用"拉伸"命令拉伸对象时，不能（ ）。

A. 把圆拉伸为椭圆 B. 把正方形拉伸成长方形

C. 移动对象特殊点 D. 整体移动对象

资源 4.6
练习题答案

第5章 图 案 填 充

5.1 创 建 图 案 填 充

在绘图过程中，经常要将某种特定的图案填充到一个封闭的区域内，这就是图案填充。
通过下列方法可以执行"图案填充"命令：

（1）执行"绘图"→"图案填充"命令，如图 5.1 所示。

（2）在"默认"选项卡的"绘图"面板中单击"图案填充"按钮，如图 5.2 所示。

（3）在命令行中输入 BHATCH（快捷命令 H），然后按回车键。

资源 5.1
图案填充

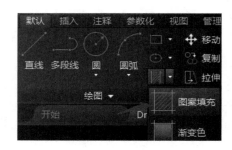

图 5.1 "绘图"→"图案填充"命令　　　　图 5.2 "绘图"面板中"图案填充"按钮

执行"图案填充"命令后，系统将自动打开"图案填充创建"选项卡，如图 5.3 所示。
用户可以直接在该选项卡中设置图案填充的边界、图案、特性及其他属性。

图 5.3 "图案填充创建"选项卡

5.2　使用"图案填充创建"选项卡

打开"图案填充创建"选项卡后，可根据制图需要，设置相关参数以完成填充操作。下面介绍各面板的作用。

5.2.1　"边界"面板

"边界"面板用于选择填充的边界点或边界线段，也可以通过对边界的删除或重新创建等操作来直接改变图案填充的效果。

1. 拾取点

单击"拾取点"按钮，可根据围绕指定点构成封闭区域的现有对象来确定边界。执行"图案填充"命令后，命令行提示内容如下：

命令：_HATCH↙

拾取内部点或 [选择对象（S）/放弃（U）/设置（T）]：

拾取内部点或 [选择对象（S）放弃（U）设置（T）]：

其中命令行各选项含义如下：

（1）拾取内部点：该选项为默认选项，在填充区域单击即可对图形进行图案填充。

（2）选择对象：选择该选项，单击图形对象进行图案填充。

（3）放弃：选择该选项，可放弃上一次的填充操作。

（4）设置：选择该选项，可打开"图案填充和渐变色"对话框，进行参数设置。

2. 选择

单击"选择"按钮，可根据构成封闭区域的选定对象确定边界。使用该按钮时，"图案填充"命令不会自动检测内部对象。必须选择选定边界内的对象，以按照当前孤岛检测样式填充这些对象。每次单击"选择对象"按钮时，图案填充命令将清除上一选择集。

3. 删除

单击"删除"按钮，可以从边界定义中删除之前添加的任何对象。

4. 重新创建

单击"重新创建"按钮，可围绕选定的图案填充或填充对象创建多段线或面域，并使其与图案填充对象相关联。

5.2.2　"图案"面板

"图案"面板用于显示所有预定义和自定义图案的预览图像。打开下拉列表，从中选择图案的类型，如图 5.4 所示。

提示：选择要编辑的填充图案，在命令行中输入 CH 命令并按回车键或者单击"修改"→"特性"命令，利用打开的"特性"面板来修改填充图案的样式等属性。

5.2.3　"特性"面板

执行图案填充的第一步就是定义填充图案类型。在"特性"面板中，用户可根据需要设置填充方式、填充颜色、填充透明度、填充角度以及填充比例值等功能，如图 5.5 所示。

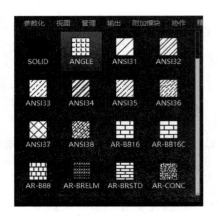

图 5.4　"图案"面板

图 5.5　"特性"面板

其中，常用选项的功能如下：

（1）图案填充类型：用于指定是创建实体填充、渐变填充、预定义填充图案，还是创建用户自定义的填充图案。

（2）图案填充颜色或渐变色：用于替代实体填充和填充图案的当前颜色，或指定两种渐变色中的第一种，图 5.6 所示为实体填充。

（3）背景色或渐变色：用于指定填充图案背景的颜色，或指定第二种渐变色。"图案填充类型"设定为"实体"时，"渐变色"不可用。图 5.7 所示为填充类型为渐变色，渐变色 1 为红色，渐变色 2 为黄色。

图 5.6　实体填充

图 5.7　渐变色填充

（4）填充透明度：设定新图案填充或填充的透明度，替代当前对象的透明度。选择"使用当前项"选项可使用当前对象的透明度设置。

（5）填充角度与比例："图案填充角度"选项用于指定图案填充或填充的角度（相对于当前 UCS 的 X 轴）。该选项的有效值为 0～359。

"填充图案比例"选项用于确定填充图案的比例值，默认比例为 1。用户可以在该文本框中输入相应的比例值来放大或缩小填充的图案。只有将"图案填充类型"设定为"图案"，此选项才可用。

图 5.8 所示为填充角度为 0°，比例为 15。图 5.9 所示为填充角度为 45°，比例为 30。

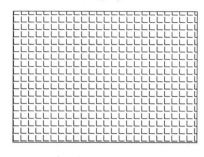

图 5.8 角度为 0°，比例为 15

图 5.9 角度为 45°，比例为 30

（6）相对于图纸空间：相对于图纸空间单位缩放填充图案。使用此选项可以按适合于布局的比例显示填充图案。该选项仅适用于布局。

5.2.4 "原点"面板

该面板用于控制填充图案生成的起始位置。某些图案填充（例如砖块图案）需要与图案填充边上的一点对齐。默认情况下，所有图案填充原点都对应于当前的 UCS 原点。

5.2.5 "选项"面板

控制几个常用的图案填充或填充选项，如选择是否自动更新图案、自动视口大小调整填充比例值，以及填充图案属性的设置等。

（1）关联：指定图案填充或关联图案填充。当修改关联的图案填充或填充边界时，其对象将会更新。

（2）注释性：指定图案填充为注释性。此特性会自动完成缩放注释过程，从而使注释能够以正确的大小在图纸上打印或显示。

（3）特性匹配：分为使用当前原点和使用源图案填充的原点两种。

1）使用当前原点：使用选定图案填充对象设定图案填充的特性，不包括图案填充原点。

2）使用源图案填充的原点：使用选定图案填充对象设定图案填充的特性，其中包括图案填充原点。

（4）创建独立的图案填充：当指定多条闭合边界时，控制是创建单个图案填充对象，还是创建多个图案填充对象。

（5）孤岛：孤岛填充方式属于填充方式中的高级功能。在扩展列表中，该功能分为 4 种类型。

1）普通孤岛检测：从外部边界向内填充。如果遇到内部孤岛，填充将关闭，直到遇到孤岛中的另一个孤岛，如图 5.10 所示。

2）外部孤岛检测：从外部边界向内填充。此选项仅填充指定的区域，不会影响内部孤岛，如图 5.11 所示。

3）忽略孤岛检测：忽略所有内部的对象，填充图案时将通过这些对象，如图 5.12 所示。

4）无孤岛检测：关闭孤岛检测。

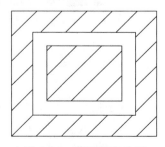

图 5.10 普通孤岛检测

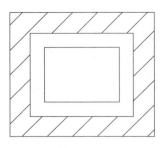 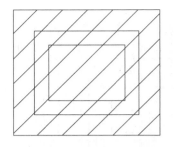

图 5.11　外部孤岛检测　　　　　　图 5.12　忽略孤岛检测

（6）绘图次序：为图案填充或填充指定绘图次序。图案填充可以放在所有其他对象之后、所有其他对象之前、图案填充边界之后或图案填充边界之前。

1）后置：选中需设置的填充图案，选择"后置"选项，即可将选中的填充图案置于其他图形后方，如图 5.13 所示。

2）前置：选中需设置的填充图案，选择"前置"选项，即可将选中的填充图案置于其他图形前方，如图 5.14 所示。

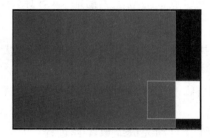 

图 5.13　后置　　　　　　　　　　图 5.14　前置

3）置于边界之前：填充的图案置于边界前方，不显示图形边界线，如图 5.15 所示。

4）置于边界之后：填充的图案置于边界后方，显示图形边界线，如图 5.16 所示。

 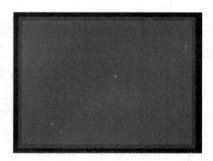

图 5.15　置于边界之前　　　　　　图 5.16　置于边界之后

5.3　编 辑 图 案 填 充

填充图形后，若用户对效果不满意，则可通过图案填充编辑命令，对其进行修改编辑。

在 AutoCAD 2020 中，用户可通过以下方法执行图案填充编辑命令：

1）执行"修改"→"对象"→"图案填充"命令，如图 5.17 所示。

图 5.17　"修改"→"对象"→　　　　　　　　资源 5.2
"图案填充"命令　　　　　　　　　　　　修改填充图案

2）在命令行中输入 HATCHEDIT，然后按回车键。

执行以上任意一种操作后，选择需要编辑的图案填充对象，都会打开"图案填充编辑"对话框，如图 5.18 所示。

图 5.18　"图案填充编辑"对话框

在该对话框中，用户可以修改图案、比例、旋转角度和关联性等，但对定义填充边界和对孤岛操作的按钮不可用。

另外，也可单击需要编辑的图案填充的图形，打开"图案填充编辑"选项卡，如图 5.19 所示。在此可根据需要对图案填充执行相应的编辑操作。

图 5.19　"图案填充编辑器"选项卡

5.4　控制图案填充的可见性

图案填充的可见性是可以控制的。用户可以使用以下两种方法来控制图案填充的可见性：①利用 FILL 命令；②利用图层。

5.4.1 使用 FILL 命令

在命令行中输入 FILL 命令后按回车键，此时命令行提示内容如下：

命令：FILL↙

输入模式［开（ON）关（OFF）］＜开＞：

此时，如果选择"开"选项，则可以显示图案填充；如果选择"关"选项，则不显示图案填充。图 5.20 为打开图案填充，图 5.21 为关闭图案填充。

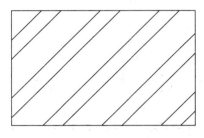 

图 5.20　打开图案填充　　　　　图 5.21　关闭图案填充

提示：在使用 FILL 命令设置填充模式后，执行"视图"→"重生成"命令，重新生成图形预览效果。

5.4.2 使用图层控制

利用图层功能，将图案填充单独置于一个图层上。当不需要显示该图案填充时，将图案所在图层关闭或者冻结即可。使用图层控制图案填充的可见性时，不同的控制方式会使图案填充与其边界的关联关系有所不同，其特点如下：

1）当图案填充所在的图层被关闭后，图案与其边界仍保持着关联关系。即修改边界后，填充图案会根据新的边界自动调整位置。

2）当图案填充所在的图层被冻结后，图案与其边界脱离关联关系。即修改边界后，填充图案不会根据新的边界自动调整位置。

3）当图案填充所在的图层被锁定后，图案与其边界脱离关联关系。即修改边界后，填充图案不会根据新的边界自动调整位置。

上 机 操 作

（1）绘制时尚吊灯。使用"圆""直线""偏移"等命令绘制灯罩，然后使用"直线""等数等分点"等命令绘制吊环和垂钓铁丝，最后使用"图案填充"命令对图形进行填充，如图 5.22 所示。

（2）绘制瓷砖使用"矩形""旋转"和"修剪"等命令绘制图案外轮廓，然后使用"图案填充"命令对其进行填充，如图 5.23 所示。

（3）绘制时尚餐桌。

步骤 1　执行"矩形"命令，绘制尺寸为 1500mm×800mm 的矩形作为餐桌的轮廓，然后执行"偏移"命令，将其向内偏移 20，如图 5.24 所示。

步骤 2　执行"矩形"命令，绘制尺寸分别为 400mm×400mm 和 370mm×100mm 的两个矩形作为餐椅轮廓，然后执行"分解"命令，将小矩形分解，如图 5.25 所示。

图 5.22　绘制时尚吊灯

图 5.23　绘制瓷砖

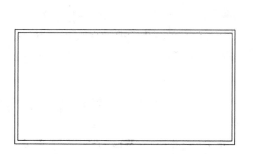

图 5.24　绘制餐桌轮廓

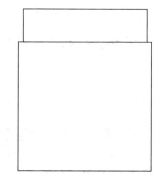

图 5.25　绘制餐椅轮廓

步骤 3　执行"偏移"命令，将分解后的矩形的上下两边分别向内偏移 15，然后执行"矩形"命令，绘制尺寸为 25mm×60mm 的矩形，并将其放置到合适的位置，如图 5.26 所示。

步骤 4　执行"矩形阵列"命令，设置阵列行数为 1，列数为 12，列间距为 30，随矩形进行阵列复制，如图 5.27 所示。

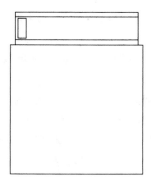

图 5.26　绘制矩形

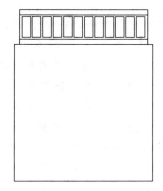

图 5.27　矩形阵列

步骤 5 执行"移动"命令，将绘制的餐椅移动至餐桌合适的位置，然后执行"复制"命令，对其进行复制，如图 5.28 所示。

步骤 6 执行"镜像"命令，以餐桌左边线中心点为镜像点，对餐椅进行镜像复制，镜像效果如图 5.29 所示。

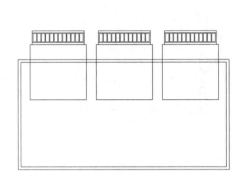

图 5.28 复制餐椅

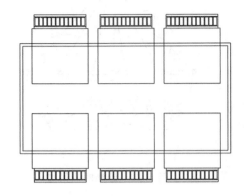

图 5.29 镜像餐椅

步骤 7 执行"复制"命令，复制一把餐椅至餐桌左侧，然后执行"旋转"命令，将该餐桌椅旋转90°，如图 5.30 所示。

步骤 8 执行"镜像"命令，以餐桌上边线中心点为镜像点，对旋转后的餐椅进行镜像复制，如图 5.31 所示。

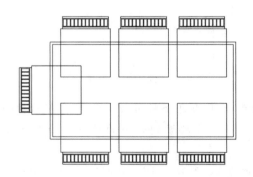

图 5.30 旋转餐椅

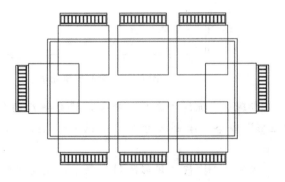

图 5.31 镜像效果

步骤 9 执行"修剪"命令，将位于餐桌轮廓内的线条删除，然后执行"分解"命令，对餐桌外轮廓进行分解，如图 5.32 所示。

步骤 10 执行"偏移"命令，设置偏移距离为150，将分解后的矩形上、下边线分别向内进行偏移，绘制出餐桌布轮廓，如图 5.33 所示。

步骤 11 执行"修剪"命令，对餐桌内轮廓线进行修剪，效果如图 5.34 所示。

步骤 12 单击"直线"命令，绘制一条长为50的线段，然后执行"矩形阵列"命令，对该线段进行阵列复制，并设置行数为1，列数为100，列间距为15，如图 5.35 所示。

步骤 13 执行"镜像"命令，以餐桌左边线中心点为镜像点，对阵列图形进行镜像复制，如图 5.36 所示。

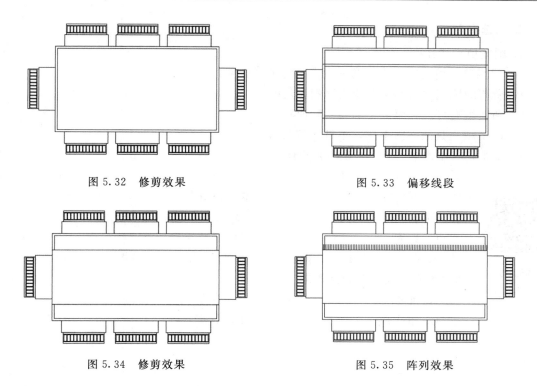

图 5.32　修剪效果　　　　　　　　　　图 5.33　偏移线段

图 5.34　修剪效果　　　　　　　　　　图 5.35　阵列效果

步骤 14　执行"图案填充"命令，选择 CROSS 图案，然后设置填充图案比例为 5，对餐桌布进行图案填充，如图 5.37 所示。至此，时尚餐桌图形绘制完毕。

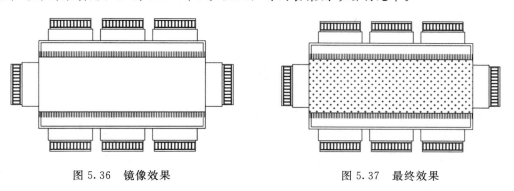

图 5.36　镜像效果　　　　　　　　　　图 5.37　最终效果

练　习　题

一、填空题

1. 在进行图案填充时，通常将位于一个已定义好的填充区域内的封闭区域称为（　　）。

2. 在"图案填充创建"选项卡中，每种图案的旋转角度开始均为（　　）。

3. 利用 FILL 命令或系统变量 FILLMODE 控制图案可见性，将命令 FILL 设为（　　）。

二、选择题

1. 图案填充操作中，（ ）。

A. 只能单击填充区域中任意一点来确定填充区域

B. 所有的填充样式都可以调整比例和角度

C. 图案填充可以和原来轮廓线关联或者不关联

D. 图案填充只能一次生成，不可以编辑修改

2. 孤岛显示样式中（ ）是不存在的。

A. 内部   B. 普通   C. 外部   D. 忽略

资源 5.3
练习题答案

3. 下列哪个选项不属于图形实体的通用属性（ ）。

A. 颜色   B. 图案填充

C. 线宽   D. 线型比例

4. 在使用 FILL 命令设置填充模式后，需执行"视图"菜单中的（ ）命令重新生成图形观察效果。

A. 重画   B. 消隐

C. 重生成   D. 平移

第6章 文 本 编 辑

6.1 创 建 文 字 样 式

在进行文字标注之前，应先对文字样式进行设置，从而方便、快捷地对图形对象进行标注，得到统一、标准、美观的文字注释。定义文字样式包括选择字体文件、设置文字高度、宽度比例等。

在 AutoCAD 2020 中，可以使用"文字样式"对话框来创建和修改文本样式。用户可以通过以下方法打开"文字样式"对话框：

（1）执行"格式"→"文字样式"命令，如图 6.1 所示。

（2）在"默认"选项卡的"注释"面板中单击"文字样式"按钮，如图 6.2 所示。

（3）在命令行中输入 STYLE（快捷命令 ST），然后按回车键。

执行以上任意一种操作后，都将打开"文字样式"对话框，如图 6.3 所示。在该对话框中，可以创建新的文字样式，也可以对已定义的文字样式进行编辑。

资源 6.1
文字样式

图 6.1 "格式"→"文字样式"命令

图 6.2 "注释"面板中"文字样式"按钮

注意： Standard 是 AutoCAD 2020 默认的文字样式，既不能删除，也不能重命名。另外，当前图形文件中正在使用的文字样式不能删除。

6.1.1 设置样式名

在 AutoCAD 2020 中，对文字样式名的设置包括新建文本样式名以及更改已定义的文字样式名称。其中，"新建"和"删除"按钮的作用如下：

（1）新建：用于创建新文字样式。单击该按钮，打开"新建文字样式"对话框，如图 6.4 所示。在该对话框的"样式名"文本框中输入新的样式名，然后单击"确定"按钮。

图 6.3 "文字样式"对话框

（2）删除：用于删除在样式名下拉列表中所选择的文字样式。单击此按钮，在弹出的对话框中单击"确定"按钮，如图 6.5 所示。

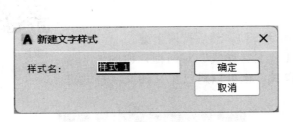

图 6.4 "新建文字样式"对话框

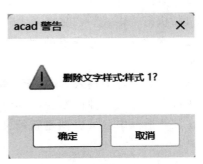

图 6.5 删除文字样式

6.1.2 设置字体

在 AutoCAD 2020 中，对文本字体的设置主要是指选择字体文件和定义文字的高度。系统中可使用的字体文件分为两种：一种是普通字体，即 TrueType 字体文件；另一种是 AutoCAD 2020 特有的字体文件（.shx）。

在"字体"和"大小"选项组中，各选项功能如下：

（1）字体名：在该下拉列表中，列出了 Windows 注册的 TrueType 字体文件和 Auto-CAD 2020 特有的字体文件（.shx）。

（2）字体样式：指定字体格式，比如斜体、粗体或者常规字体。选定"使用大字体"后，该选项变为"大字体"，用于选择大字体文件。

（3）使用大字体：指定亚洲语言的大字体文件。只有（.shx）文件可以创建"大字体"。

（4）注释性：指定文字为注释性。

（5）使文字方向与布局匹配：指定图纸空间视口中的文字方向与布局方向匹配。如果未选择"注释性"选项，则该选项不可用。

（6）高度：用于设置文字的高度。AutoCAD 2020 的默认值为 0，如果设置为默认值，在文本标注时，AutoCAD 2020 定义文字高度为 2.5mm，用户可重新进行设置。

在字体名中，有一类字体前有@，如果选择该类字体样式，则标注的文字效果为向左旋转 90°。

注意：只有选择了有中文字库的字体文件，如宋体、仿宋体、楷体或大字体中的 Hz-txt.shx 等字体文件，才能正常进行中文标注，否则会出现问号或者乱码。

6.1.3 设置文本效果

在 AutoCAD 2020 中，可以修改字体的特性，例如高度、宽度因子、倾斜角以及是否颠倒、反向或垂直。"效果"选项组中各选项功能如下：

（1）颠倒：颠倒显示字符。用于将文字旋转180°，如图 6.6 所示。

（2）反向：用于将文字以镜像方式显示，如图 6.7 所示。

图 6.6　颠倒效果　　　　　　　　　　　　　图 6.7　反向效果

（3）垂直：显示垂直对齐的字符。只有在选定字体支持双向时"垂直"才可用。True-Type 字体的垂直定位不可用。

（4）宽度因子：设置字符间距。输入小于 1.0 的值将压缩文字。输入大于 1.0 的值则放大文字。如图 6.8 所示字体的宽度为 1.2。

（5）倾斜角度：设置文字的倾斜角。输入一个 -85 和 85 之间的数值，将使文字倾斜。如图 6.9 所示字体的倾斜角度为 30°。

 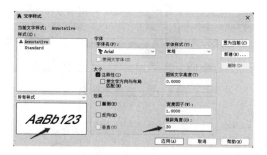

图 6.8　宽度为 1.2　　　　　　　　　　　　图 6.9　倾斜角度为 30°

6.1.4 预览与应用文本样式

在 AutoCAD 2020，对文字样式的设置效果，可在"文字样式"对话框的相应区域进行预览。单击"应用"按钮，将当前设置的文字样式应用到正在编辑的图形中，作为当前文字样式。

（1）应用：将当前的文字样式应用到正在编辑的图形中。

（2）取消：放弃文字样式的设置，并关闭"文字样式"对话框。

（3）关闭：关闭"文字样式"对话框，同时保存对文字样式的设置。

【示例 6.1】 定义名为"文字标注"的文字样式，字体为宋体，字高为 8，宽度为 2。

步骤 1　执行"格式"→"文字样式"命令，打开"文字样式"对话框，单击"新建"按钮，如图 6.10 所示。

步骤 2　打开"新建文字样式"对话框，输入样式名"文字标注"，如图 6.11 所示。

步骤 3　单击"确定"按钮返回上一对话框，在"字体名"下拉列表中选择"宋体"，如图 6.12 所示。

步骤 4　设置高度为 8，宽度因子为 2，如图 6.13 所示。

步骤 5　依次单击"应用""置为当前""关闭"按钮，即可完成文字样式的创建，如图 6.14 所示。

步骤 6　在命令行中输入 TEXT 命令，输入文字内容"计算机制图"，如图 6.15 所示。

图 6.10　单击"新建"按钮

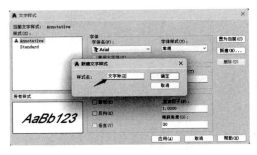

图 6.11　输入样式名

图 6.12　选择字体名

图 6.13　设置高度和宽度

图 6.14　单击"置为当前"按钮

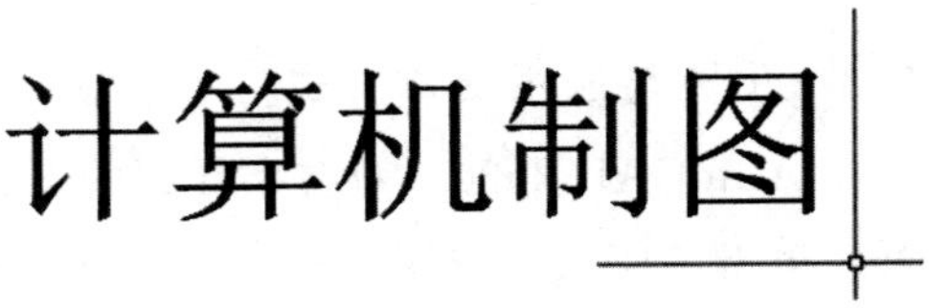

计算机制图

图 6.15　输入文字内容

6.2 创建与编辑单行文本

单行文字就是将每一行作为一个文字对象，一次性地在图纸中的任意位置添加所需的文本内容，并且可对每个文字对象进行单独的修改。下面介绍单行文本的标注与编辑，以及在文本标注中使用控制符输入特殊字符的方法。

6.2.1 创建单行文本

在 AutoCAD 2020 中，用户可以通过以下方法执行"单行文字"命令。

（1）执行"绘图"→"文字"→"单行文字"命令。

（2）在"默认"选项卡的"注释"面板中单击"单行文字"按钮。

（3）在命令行中输入命令 TEXT，然后按回车键。

执行上述命令后，命令行提示内容如下所示：

指定文字的起点或［对正（J）样式（S）］：

其中，命令行中各选项的含义如下：

（1）指定文字的起点。在绘图区单击一点，确定文字的高度后，将指定文字的旋转角度，按回车键即可完成创建。

在执行"单行文字"命令过程中，用户可随时用鼠标确定下一行文字的起点，也可按回车键换行，但输入的文字与前面的文字属于不同的实体。

注意：如果用户在当前使用的文字样式中设置文字高度，那么在文本标注时，Auto-CAD 2020 将不提示"指定高度＜2.5000＞"。

（2）"对正"选项。该选项用于确定标注文本的排列方式和排列方向。AutoCAD 用一条直线确定标注文本的位置，分别是顶线、中线、基线和底线。选择该选项后，命令行提示内容如下：

输入选项［左（L）居中（C）右（R）对齐（A）中间（M）布满（F）左上（TL）中上（TC）右上（TR）左中（ML）正中（MC）右中（MR）左下（BL）中下（BC）右下（BR）］：

1）对齐：通过指定基线端点来指定文字的高度和方向。

2）布满：指定文字按照由两点定义的方向和一个高度值布满一个区域。

3）居中：用于确定标注文本基线的中点。选择该选项后，输入的文本均匀分布在该中点的两侧。

4）中间：文字在基线的水平中点和指定高度的垂直中点上对齐。中间对齐的文字不保持在基线上。"中间"选项与"正中"选项不同，"中间"选项使用的中点是所有文字包括下行文字在内的中点，而"正中"选项使用大写字母高度的中点。

注意：用"对齐"和"布满"方式标注的文本都有两个夹点，即基线的起点和终点，拖动夹点可以快速改变文本字符的高度和宽度。使用"居中"和后面介绍的各种对正方式时，文字大小由输入的高度值和当前文字样式的宽度系数确定。

（3）"样式"选项。该选项用于指定文字样式，文字样式决定文字字符的外观。创建的文字使用当前文字样式。输入"?"将列出当前文字样式、关联的字体文件、字体高度及其他参数。

在该提示下按回车键，系统将自动打开"AutoCAD 2020 文本窗口"对话框，在此窗口列出了指定文字样式的具体设置。若不输入文字样式名称直接按回车键，则窗口中列出的是当前 AutoCAD 2020 图形文件中所有文字样式的具体设置。

6.2.2　使用文字控制符

在文本标注中，经常需要标注一些不能直接利用键盘输入的特殊字符，如直径"φ"、角度"°"等。AutoCAD 2020 为输入这些字符提供了控制符，见表 6.1。可以通过输入控制符来输入特殊的字符。在单行文本标注和多行文本标注中，控制符的使用方法有所不同。

表 6.1 　　　　　　　　　　　　　特 殊 字 符 控 制 符

控制符	对应特殊字符	控制符	对应特殊字符
％％C	直径 φ 符号	％％D	度（°）符号
％％O	上划线符号	％％P	正负公差±符号
％％U	下划线标准	＼U＋2238	约等于≈符号
％％％	百分号％符号	＼U＋2220	角度∠符号

6.2.2.1　在单行文本中使用文字控制符

在需要使用特殊字符的位置直接输入相应的控制符，那么输入的控制符将会显示在图中特殊字符的位置上，当单行文本标注命令执行结束后，控制符将会自动转换为相应的特殊字符。

提示：％％O 和％％U 是两个切换开关，第一次输入时打开上划线或下划线功能，第二次输入则关闭上划线或下划线功能。

6.2.2.2　在多行文本中使用文字控制符

标注多行文本时，可以灵活地输入特殊字符，因为其本身具有一些格式化选项。在"多行文字编辑器"选项卡的"插入"面板中单击"符号"下拉按钮，在展开的下拉列表中将会列出特殊字符的控制符选项，如图 6.16 所示。

另外，在"符号"下拉列表中选择"其他"选项，将弹出"字符映射表"对话框，从中选择所需字符进行输入即可，如图 6.17 所示。

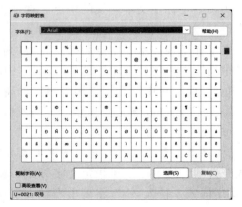

图 6.16　控制符　　　　　　　　图 6.17　"字符映射表"对话框

在"字符映射表"对话框中,通过"字体"下拉列表选择不同的字体,选择所需字符,单击该字符,如图 6.18 所示。然后单击"选择"按钮,选中的字符会显示在"复制字符"文本框中,单击"复制"按钮,选中的字符即被复制到剪贴板中,如图 6.19 所示。最后打开多行文本编辑框的快捷菜单,选择"粘贴"命令即可插入所选字符。

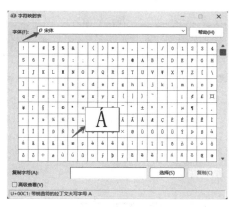

图 6.18 控制符

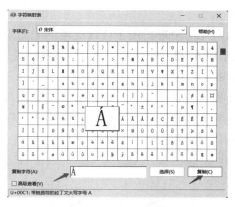

图 6.19 "字符映射表"对话框

6.2.3 编辑单行文本

若需要对已标注的文本进行修改,如文字的内容、对正方式以及缩放比例等,可通过 DDEDIT 命令和"特性"对话框进行编辑。

6.2.3.1 利用 DDEDIT 命令编辑单行文本

在 AutoCAD 中,可以通过以下方法执行文本编辑命令:

(1) 执行"修改"→"对象"→"文字"→"编辑"命令。

(2) 在命令行中输入 DDEDIT,然后按回车键。

执行以上任意一种操作后,在绘图区中单击要编辑的单行文字,即可进入文字编辑状态,对文本内容进行相应的修改,如图 6.20 所示。

6.2.3.2 利用"特性"选项板编辑单行文本

选择要编辑的单行文本,右击弹出快捷菜单,选择"特性"选项,打开"特性"选项板,在"文字"展卷栏中,可对文字进行修改,如图 6.21 所示。

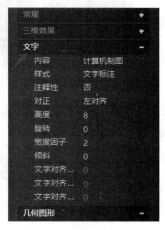

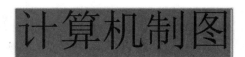

图 6.20 文字编辑状态

图 6.21 "特性"选项板

该选项板中各选项的作用如下：

（1）常规：用于修改文本颜色和所属的图层。

（2）三维效果：用于设置三维材质。

（3）文字：用于修改文字的内容、样式、对正方式、高度、旋转角度、倾斜角度和宽度比例等。

（4）几何图形：用于修改文本的起始点位置。

【示例 6.2】 设置图 6.22 中文字的宽度因子为 0.8，并倾斜 45°。

步骤 1　选中单行文本后右击，在打开的快捷菜单中，选择"特性"选项，打开"特性"选项板。在"文字"选项组的"宽度因子"文本框中输入 0.8，如图 6.23 所示。

步骤 2　在"倾斜"文本框输入倾斜角度 45，如图 6.24 所示。编辑后的单行文本效果如图 6.25 所示。

计算机制图

图 6.22　单行文本

图 6.23　输入宽度因子

图 6.24　输入倾斜角度

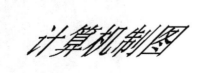

图 6.25　编辑效果

6.3　创建与编辑多行文本

多行文本包含一个或多个文字段落，可作为单一的对象处理。在输入文字标注之前需要先指定文字边框的对角点，文字边框用于定义多行文字对象中段落的宽度。编辑多行文本可利用"文字编辑器"面板进行编辑。

6.3.1　创建多行文本

在 AutoCAD 2020 中，可以通过以下方法执行"多行文字"命令：

(1) 执行"绘图"→"文字"→"多行文字"命令。

(2) 在"默认"选项卡的"注释"面板中单击"多行文字"按钮。

(3) 在"注释"选项卡的"文字"面板中单击"多行文字"按钮。

资源 6.2
多行文字

(4) 在命令行中输入 MTEXT（快捷命令 MT），然后按回车键

执行"多行文字"命令后，命令行提示内容如下：

命令：_MTEXT↙

当前文字样式："文字标注"文字高度：8 注释性：否

指定第一角点：

指定对角点或［高度（H）对正（J）行距（L）旋转（R）样式（S）宽度（W）栏（C）］：

其中，命令行中各选项含义如下：

(1) 对正：用于设置文本的排列方式。

(2) 行距：指定多行文字对象的行距。行距是一行文字的底部（或基线）与下一行文字底部之间的垂直距离。

(3) 样式：用于指定多行文字的文字样式。其中"样式名"用于指定文字样式名；"列出样式"用于列出文字样式名称和特性。

(4) 栏：指定多行文字对象的栏选项。"静态"指定总栏宽、栏数、栏间距宽度（栏之间的间距）和栏高；"动态"指定栏宽、栏间距宽度和栏高。动态栏由文字驱动。调整栏将影响文字流，而文字流将导致添加或删除栏；"不分栏"将为当前多行文字对象设置不分栏模式。

在绘图区中通过指定对角点框选出文字输入范围，如图 6.26 所示，在文本框中即可输入文字，如图 6.27 所示。

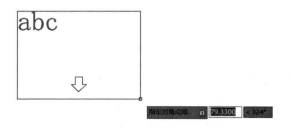

图 6.26　指定对角点

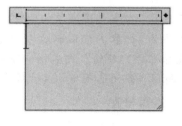

图 6.27　文本框

在系统自动打开的"文字编辑器"选项卡中可对文字的样式、字体、加粗以及颜色等属性进行设置，如图 6.28 所示。

图 6.28　"文字编辑器"选项卡

6.3.2　编辑多行文本

编辑多行文本与编辑单行文本一样，利用 DDEDIT 命令和"特性"选项板即可。

6.3.2.1　用 DDEDIT 命令编辑多行文本

执行"修改"→"对象"→"文字"→"编辑"命令，选择多行文本作为编辑对象，将会弹出"文字编辑器"选项卡和文本编辑框。同创建多行文字一样，在"文字编辑器"选项卡中，可对多行文字进行字体属性的设置。

6.3.2.2　用"特性"选项板编辑多行文本

选取多行文本后右击，在打开的快捷菜单中选择"特性"选项，打开"特性"选项板，如图 6.29 所示。

与单行文本的"特性"选项板不同的是，没有"其他"选项组，"文字"选项组中增加了"行距比例""行间距""行距样式"3 个选项。但缺少了"倾斜"和"宽度因子"选项。

图 6.29　多行文字
"特性"选项板

提示：多行文本的宽度比例和倾斜角度只能在"多行文字"选项卡的"设置格式"功能区中设置。

【示例 6.3】　使用"多行文字"命令，创建多行文本内容。

步骤 1　执行"格式"→"文字样式"命令，打开"文字样式"对话框，设置字体为宋体，字高为 10，依次单击"应用""置为当前"和"关闭"按钮，如图 6.30 所示。

步骤 2　执行"注释"→"文字"→"多行文字"命令，通过指定对角点框选出文字输入范围，如图 6.31 所示。

步骤 3　指定第二角点后，在文本框中输入"计算机制图"，如图 6.32 所示。

步骤 4　按回车键另起一行继续输入文字内容，最终效果如图 6.33 所示。

步骤 5　选取部分文字，然后在"文字编辑器"选项卡的"格式"面板中，设置颜色为"红色"，如图 6.34 所示。

步骤 6　在空白区域单击即可完成多行文字的创建，效果如图 6.35 所示。

步骤 7　选取多行文本后右击，在弹出的快捷菜单中选择"特性"选项，然后在"文字"展卷栏的"旋转"文本框中输入数值 15，如图 6.36 所示。

步骤 8　关闭选项板，完成多行文字的编辑，效果如图 6.37 所示。

6.3.3　拼写检查

在 AutoCAD 2020 中，用户可以对当前图形的所有文字进行拼音检查，包括单行文字、多行文本等内容。

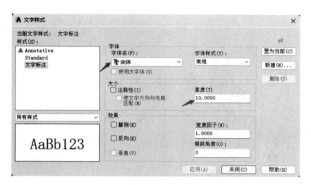

图 6.30　设置文字样式

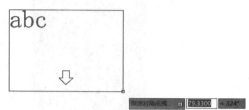

图 6.31　框选文字输入范围

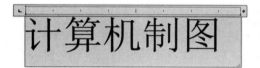

图 6.32　输入文本

图 6.33　继续输入文本

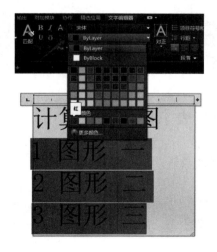

图 6.34　设置为红色

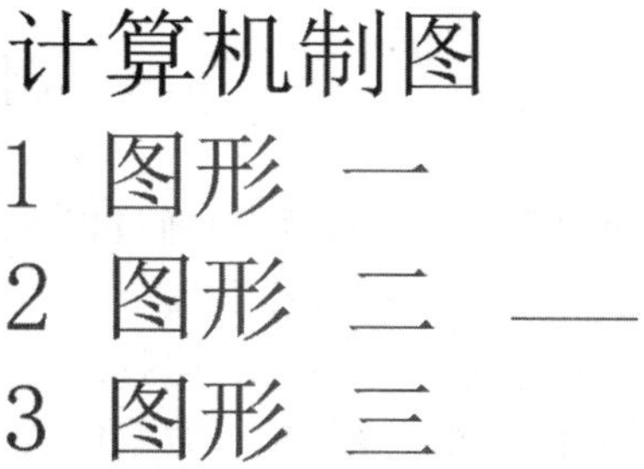

图 6.35　创建效果

图 6.36　设置旋转角度　　　　　图 6.37　编辑效果

执行"工具"→"拼写检查"命令或在"注释"选项卡的"文字"面板中单击"拼写检查"按钮，都将打开"拼写检查"对话框，如图 6.38 所示。在"要进行检查的位置"下拉列表框中设置要进行检查的位置，单击"开始"按钮，即可进行检查。

执行"编辑"→"查找"命令，打开"查找和替换"对话框，可以对已输入的一段文本中的部分文字进行查找和替换，如图 6.39 所示。

图 6.38　"拼写检查"对话框

图 6.39　"查找和替换"对话框

6.4　创　建　表　格

在 AutoCAD 2020 中，可以通过以下方法创建表格：

（1）执行"绘图"→"表格"命令。

（2）执行"表格"命令后，将打开"插入表格"对话框，如图 6.40 所示。在对话框中，用户可设置表格样式、表格插入方式、表格行列数目。

6.4.1　设置表格样式

在"插入表格"对话框中，单击启动表格样式对话框，如图 6.41 所示，即可进入表格样式修改界面，如图 6.42 所示。

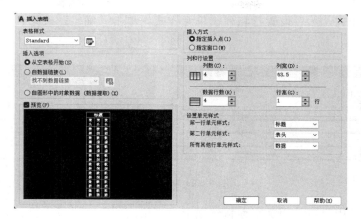

图 6.40 "插入表格"对话框

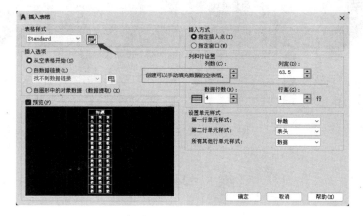

图 6.41 启动表格样式对话框

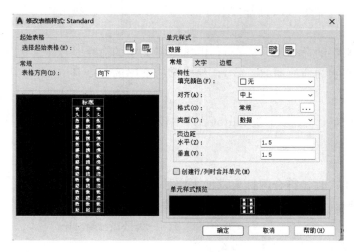

图 6.42 表格样式修改界面

6.4.2 插入表格

先设置表格样式，然后设置行和列、单元样式，单击"确定"按钮，即可插入表格，如图 6.43 所示。

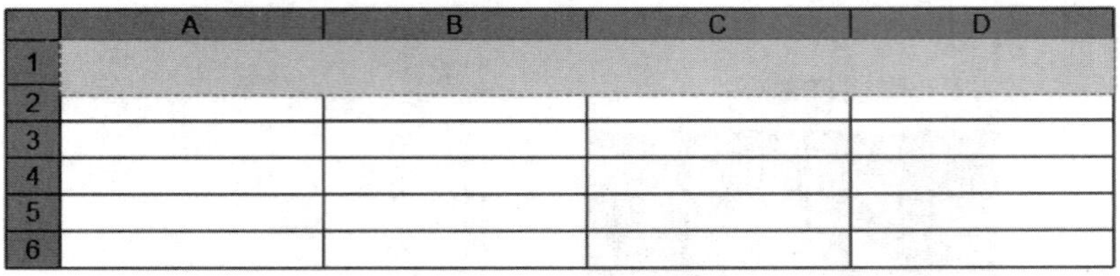

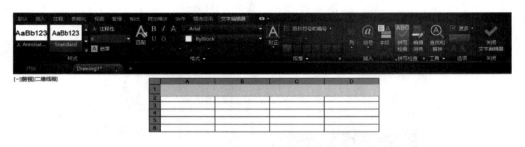

图 6.43 插入表格

插入表格后，用户可使用文字编辑选项卡对表格内的文字进行编辑，如图 6.44 所示。

图 6.44 文字编辑选项卡

练 习 题

一、填空题

1. 执行（　　）命令可以打开"文字样式"对话框，且利用该对话框来创建和修改文本样式。

2. 创建单行文字的命令是（　　），编辑单行文字的命令是（　　）。

3. 创建多行文字的命令是（　　），编辑多行文字的命令是（　　）。

二、选择题

1. 以下选项中，（　　）不是 AutoCAD 中设置文字样式的效果。

A. 垂直 　　　　　　　　　　　　B. 水平

C. 颠倒 　　　　　　　　　　　　D. 反向

2. 定义文字样式时，符合国标要求的大字体是（　　）。

A. gbcbig. shx 　　　　　　　　　B. chineset. shx

C. txt. shx 　　　　　　　　　　　D. bigfont. shx

3. 下列文字特性不能在"文字编辑器"选项卡中的"特性"面板下设置的是（　　）。

A. 高度 　　　　　　　　　　　　B. 宽度

C. 旋转角度 　　　　　　　　　　D. 样式

4. 用"单行文字"命令书写直径符号时，应使用（　　）。

A. ％％d

B. ％％p

C. ％％c

D. ％％u

5. 多行文字的命令是（　　）。

A. TEXT

B. MTEXT

C. QTEXT

D. WTEXT

资源 6.4
练习题答案

第7章 尺 寸 标 注

7.1 尺 寸 标 注 样 式

通常在进行标注之前，应先设置好标注的样式，如标注文字大小、箭头大小以及尺寸线样式等。这样在标注操作时才能够统一。

7.1.1 新建尺寸样式

AutoCAD 系统默认尺寸样式为 STANDARD，若对该样式不满意，可通过"标注样式管理器"对话框进行新尺寸样式的创建。新建尺寸样式的具体操作如下：

（1）执行"注释"→"标注"命令，打开"标注样式管理器"对话框，单击"新建"按钮，如图 7.1 所示。

（2）在"创建新标注样式"对话框中，输入新样式名，单击"继续"按钮，如图 7.2 所示。

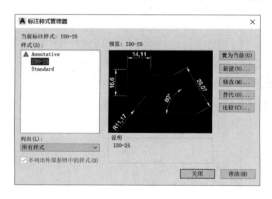

图 7.1 "标注样式管理器"对话框

图 7.2 "创建新标注样式"对话框

（3）打开"新建标注样式"对话框，切换到"符号和箭头"选项卡。在"箭头"选项组中，将箭头样式设为"建筑标记"，如图 7.3 所示。

（4）将"箭头大小"设为 50，如图 7.4 所示。

（5）切换至"文字"选项卡。将"文字高度"设为 200，如图 7.5 所示。

（6）在"文字位置"选项组中，将"垂直"设为"上"，将"水平"设为"居中"，如图 7.6 所示。

（7）切换至"调整"选项卡，在"文字位置"选项组中，将文字设为"尺寸线上方，带引线"，如图 7.7 所示。

（8）切换至"主单位"选项卡，在"线性标注"选项组中，将"精度"设为 0，如图 7.8 所示。

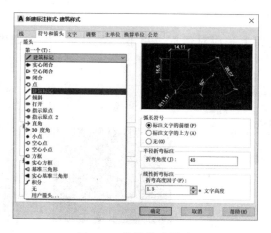

图 7.3 设置箭头样式

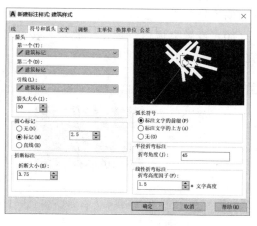

图 7.4 设置箭头大小

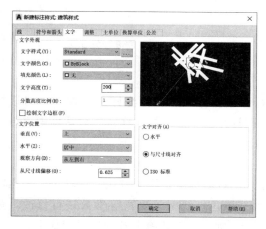

图 7.5 设置文字大小

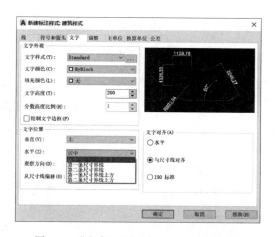

图 7.6 "文字"选项卡—设置文字位置

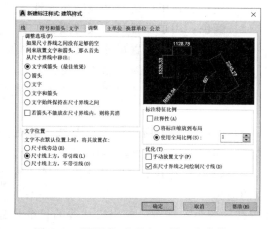

图 7.7 "调整"选项卡—设置文字位置

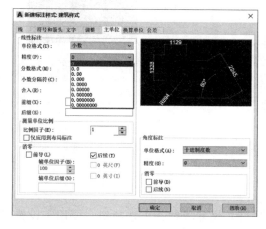

图 7.8 设置标注单位

（9）切换至"线"选项卡，在"尺寸界限"选项组中，将"超出尺寸线"设为100，将"起点偏移量"设为200，如图7.9所示。

（10）设置完成后，单击"确定"按钮，返回上一层对话框，单击"置为当前"按钮即可完成操作，如图7.10所示。

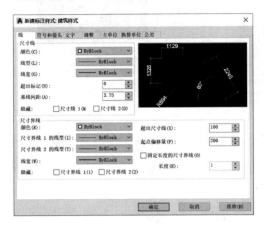

图 7.9　设置尺寸界限

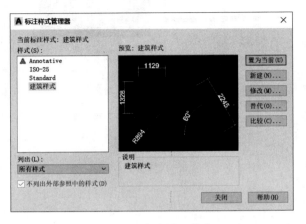

图 7.10　完成设置操作

7.1.2　修改尺寸样式

尺寸样式设置好后，若不满意也可对其进行修改操作。在"标注样式管理器"对话框中，选中所需修改的样式，单击"修改"按钮，在打开的"修改标注样式"对话框中进行设置即可。

7.1.2.1　修改标注线

若要对标注线进行修改，可在"修改标注样式"对话框中切换至"线"选项卡，根据需

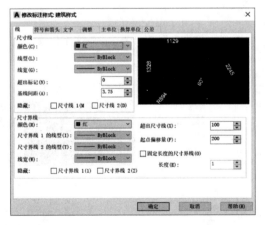

图 7.11　"线"选项卡

要对线颜色、线型、线宽等参数进行修改，如图7.11所示。该选项卡各选项说明如下：

（1）尺寸线：该选项组主要用于设置尺寸的颜色、线宽、超出标记及基线间距属性。

（2）颜色：用于设置尺寸线的颜色。

（3）线型：用于设置尺寸线的线型。

（4）线宽：用于设置尺寸线的宽度。

（5）超出标记：用于调整尺寸线超出界线的距离。

（6）基线间距：用于设置以基线方式标注尺寸时，相邻两尺寸线之间的距离。

（7）隐藏：则用于确定是否隐藏尺寸线及相应的箭头。

（8）尺寸界线：该选项组主要用于设置尺寸界线的颜色、线宽、超出尺寸线的长度和起点偏移量，以及隐藏控制等属性。

（9）颜色：用于设置尺寸界线的颜色。

（10）线宽：用于设置尺寸界线的宽度。

（11）尺寸界线1的线型/尺寸界线2的线型：用于设置尺寸界线的线型样式。

（12）超出尺寸线：用于确定界线超出尺寸线的距离。

（13）起点偏移量：用于设置尺寸界线与标注对象之间的距离。

（14）固定长度的延伸线：用于将标注尺寸的尺寸界线都设置成一样长，尺寸界线的长度可在"长度"文本框中指定。

7.1.2.2 修改符号和箭头

在"修改标注样式"对话框中，单击"符号和箭头"选项卡，可根据需要对箭头样式、箭头大小、圆心标注等参数进行修改，如图7.12所示。该选项卡各选项说明如下：

（1）箭头：该选项组用于设置标注箭头的外观。

（2）第一个/第二个：用于设置尺寸标注中第一个箭头与第二个箭头的外观样式。

（3）引线：用于设定快速引线标注时的箭头类型。

（4）箭头大小：用于设置尺寸标注中箭头的大小。

（5）圆心标记：该选项组用于设置是否显示圆心标记以及标记大小。

（6）"无"单选按钮：在标注圆弧类的图形时，取消圆心标记功能。

（7）"标记"单选按钮：显示圆心标记。

（8）"直线"单选按钮：标注出的圆心标记为中心线。

（9）折断标注：用于设置折断标注的大小。

（10）弧长符号：该选项组用于设置弧长标注中圆弧符号的显示。

（11）标注文字的前缀：将弧长符号放置在标注文字的前面。

（12）标注文字的上方：将弧长符号放置在标注文字的上方。

（13）无：不显示弧长符号。

（14）半径折弯标注：用于半径标注的显示。半径折弯标注通常在中心点位于页面外部时创建。在"折弯角度"文本框中输入连接半径标注的尺寸界线和尺寸线的角度。

（15）线型折弯标注：可设置折弯高度因子的文字高度。

7.1.2.3 修改尺寸文字

在"修改标注样式"对话框中，单击"文字"选项卡，可对文字的外观、位置以及对齐方式进行设置，如图7.13所示。该选项卡各选项说明如下：

（1）文字外观：该选项组用于设置标注文字的格式和大小。

（2）文字样式：用于选择当前标注的文字样式。

（3）文字颜色：用于选择尺寸文本的颜色。

（4）填充颜色：用于设置尺寸文本的背景颜色。

（5）文字高度：用于设置尺寸文字的高度，如果选用的文字样式中，已经设置了文字高度，此时该选项将不可用。

（6）分数高度比例：用于确定尺寸文本中的分数相对于其他标注文字的比例。

（7）绘制文字边框：用于给尺寸文本添加边框。

（8）文字位置：该选项组用于设置文字的垂直、水平位置及距离尺寸线的偏移量。

（9）垂直：用于确定尺寸文本相对于尺寸线在垂直方向上的对齐方式。

（10）水平：用于设置标法文字相对于尺寸线和尺寸界线在水平方向的位置。

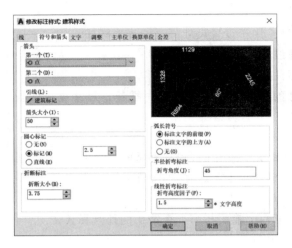

图 7.12 "符号和箭头"选项卡　　　　图 7.13 "文字"选项卡

（11）观察方向：用于观察文字位置方向的选定。

（12）从尺寸线偏移：用于设置尺寸文字与尺寸线之间的距离。

（13）文字对齐：该选项组用于设置尺寸文字放在尺寸界线位置。

（14）水平：用于将尺寸文字水平放置。

（15）与尺寸线对齐：用于设置尺寸文字方向与尺寸方向一致。

（16）ISO 标准：用于设置尺寸文字按 NSO 标准放置，当尺寸文字在尺寸界线之内时，其文字放置方向与尺寸方向一致，而在尺寸界线之外时将水平放置。

7.1.2.4　调整

在"修改标注样式"对话框中，切换至"调整"选项卡，可对尺寸文字、箭头、引线和尺寸线的位置进行调整，如图 7.14 所示。该选项卡各选项说明如下：

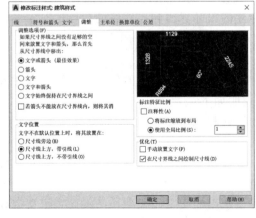

图 7.14 "调整"选项卡

（1）调整选项：该选项组用于调整尺寸界线、文字和箭头之间的位置。

（2）文字或箭头：表示系统将按最佳布局将文字或箭头移动到尺寸界线外部。当尺寸界线间的距离足够放置文字和箭头时，文字和箭头都放在尺寸界线内，否则将按照最佳效果移动文字或箭头，当尺寸界线间的距离仅能够容纳文字时，将文字放在尺寸界线内，而箭头放在尺寸界线外；当尺寸界线间的距离仅能够容纳箭头时，将箭头放在尺寸界线内，而文字放在尺寸界线外；当尺寸界线间的距离既不够放文字又不够放箭头时，文字和箭头都放在尺寸界线外。

（3）箭头：表示尽量将箭头放在尺寸界线内，否则会将文字和箭头都放在尺寸界线外。

（4）文字：表示当尺寸界线间距离仅能容纳文字时，系统会将文字放在尺寸界线内，箭头放在尺寸界线外。

（5）文字和箭头：表示当尺寸界线间距离不足以放下文字和箭头时，文字和箭头都放在尺寸界线外。

（6）文字始终保持在尺寸界线之间：表示系统会始终将文字放在尺寸界限之间。

（7）若不能放在尺寸界线内，则消除箭头：表示当尺寸界线内没有足够的空间，系统则隐藏箭头。

（8）文字位置：该选项组用于调整尺寸文字的放置位置。

（9）标注特征比例：该选项组用于设置标注尺寸的特征比例，以便于通过设置全局比例因子来增加或减少标注的大小。

（10）注释性：将标注特征比例设置为注释性。

（11）将标注缩放到布局：可根据当前模型空间视口与图纸空间之间的缩放关系设置比例。

（12）使用全局比例：可为所有标注样式设置一个比例，指定大小、距离或间距，此外还包括文字和箭头大小，但并不改变标注的测量值。

（13）优化：该选项组用于对文本的尺寸线进行调整。

（14）手动放置文字：忽略标注文字的水平设置，在标注时可将标注文字放置在用户指定的位置。

（15）在尺寸界线之间绘制尺寸线：表示始终在测量点之间绘制尺寸线，同时将箭头放在测量点之处。

7.1.2.5 修改主单位

在"修改标注样式"对话框中，切换至"主单位"选项卡可以设置主单位的格式与精度等属性，如图 7.15 所示。该选项卡各选项说明如下：

（1）线性标注：该选项组用于设置线性标注的格式和精度。

（2）单位格式：用来设置除角度标注之外的各标注类型的尺寸单位，包括"科学""小数""工程""建筑""分数"以及"Windows桌面"等选项。

（3）精度：用于设置标注文字中的小数位数。

（4）分数格式：用于设置分数的格式，包括"水平""对角"和"非堆叠"三种方式。

图 7.15 "主单位"选项卡

在"单位格式"下拉列表框中选择小数时，此选项不可用。

（5）小数分隔符：用于设置小数的分隔符，包括"逗点""句点"和"空格"三种方式。

（6）舍入：用于设置除角度标注以外的尺寸测量值的舍入值，类似于数学中的四舍五入。

（7）前缀、后缀：用于设置标注文字的前缀和后缀，用户在相应的文本框中输入文本符即可。

（8）比例因子：可设置测量尺寸的缩放比例，AutoCAD 的实际标注值为测量值与该比例的积。若勾选"仅应用到布局标注"复选框，可设置该比例关系是否仅适应于布局。

（9）消零：用于设置是否显示尺寸标注中的前导和后续0。

（10）角度标注：该选项组用于设置标注角度时采用的角度单位。

（11）单位格式：用于设置标注角度时的单位。

（12）精度：用于设置标注角度的尺寸精度。

7.1.2.6 修改换算单位

在"修改标注样式"对话框中，切换至"换算单位"选项卡可以设置换算单位的格式，如图 7.16 所示。该选项卡中的各选项说明如下：

（1）显示换算单位：勾选该选项时，其他选项才可用。在"换算单位"选项区中设置各选项的方法与设置主单位的方法相同。

（2）位置：该选项组可设置换算单位的位置，包括"主值后"和"主值下"两种方式。

（3）主值后：将替换单位尺寸标注放置在主单位标注的后方。

7.1.2.7 修改公差

在"修改标注样式"对话框中，切换至"公差"选项卡，可设置是否标注公差、公差格式以及输入上、下偏差值，如图 7.17 所示。该选项卡中的各选项说明如下：

图 7.16 "换算单位"选项卡   图 7.17 "公差"选项卡

（1）公差格式：该选项组用于设置公差的标注方式。

（2）方式：用于确定以何种方式标注公差。

（3）精度：用于确定公差标注的精度。

（4）上偏差、下偏差：用于设置尺寸的上偏差和下偏差。

（5）高度比例：用于确定公差文字的高度比例因子。

（6）垂直位置：用于控制公差文字相对于尺寸文字的位置，包括"上""中"和"下"三种方式。

（7）换算单位公差：当标注换算单位时，可以设置换单位精度和是否消零。

（8）公差对齐：该选项组用于设置对齐小数分隔符和对齐运算符。

（9）消零：该选项组用于设置是否省略公差标注中的 0。

7.1.3 删除尺寸样式

若想删除多余的尺寸样式，用户可在"标注样式管理器"对话框中进行删除操作，具体操作方法如下：

（1）执行"标注"命令，打开"标注样式管理器"对话框，在"样式"列表框中，输入要删除的尺寸样式，这里选择"建筑样式"，如图 7.18 所示。

（2）右击，在快捷菜单中选择"删除"选项，如图 7.19 所示。

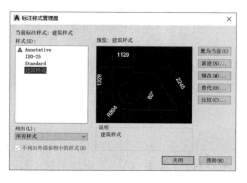
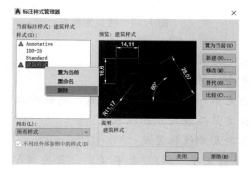

图 7.18 选择所需样式　　　　　　　　图 7.19 择"删除"选项

（3）在打开的系统提示框中，单击"是"按钮，如图 7.20 所示。

（4）返回上一层对话框，此时多余的样式已被删除，如图 7.21 所示。

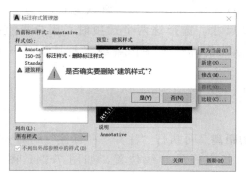
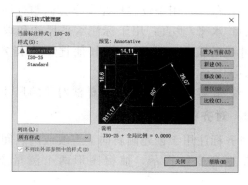

图 7.20 确定是否删除　　　　　　　　图 7.21 完成删除

7.2 尺 寸 标 注 命 令

AutoCAD 2020 提供了多种尺寸标注类型，其中包括标注任意两点间的距离、圆或圆弧的半径和直径、圆心位置、圆弧或相交直线的角度等。下面分别介绍如何给图形创建尺寸标注。

7.2.1 线性标注

线性标注用于标注图形的线型距离或长度。它是最基本的标注类型，可以在图形中创建水平、垂直或倾斜的尺寸标注。执行"注释"→"标注"→"线性"命令，根据命令行中的提示，指定图形的两个测量点，并指定好尺寸线位置，如图 7.22、图 7.23 所示。

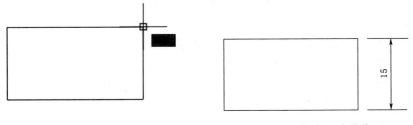

| 图 7.22　捕捉测量点 | 图 7.23　指定尺寸线位置 |

命令行提示如下：

命令：_DIMLINEAR↙

指定第一个尺寸界线原点或<选择对象>：

指定第二条尺寸界线原点：

指定尺寸线位置或

[多行文字（M）/文字（T）/角度（A）/水平（H）/垂查（V）/旋转（R）]：

标注文字＝15

命令行中各选项的含义如下：

（1）多行文字：可以通过使用"多行文字"命令来编辑标注的文字内容。

（2）文字：可以以单行文字的形式输入标注文字。

（3）角度：用于设置标注文字方向与标注端点连线之间的夹角，默认为 0。

（4）水平/垂直：用于标注水平尺寸和垂直尺寸。选择这两个选项时，用户可直接确定尺寸线的位置，也可选择其他选项来指定标注的标注文字内容或者标注文字的旋转角度。

（5）旋转：用于放置旋转标注对象的尺寸线。

7.2.2　对齐标注

对齐标注用于创建倾斜向上直线或两点间的距离。可执行"注释"→"标注"→"对齐"命令，根据命令行提示，捕捉图形两个测量点，指定好尺寸线位置，如图 7.24、图 7.25 所示。

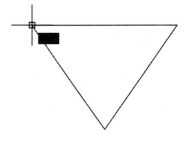 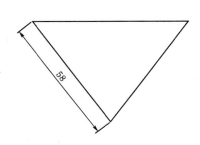

图 7.24　指定测量点　　　　　　　　图 7.25　指定标注

命令行提示如下：

命令：_DIMALIGNED↙

指定第一个尺寸界线原点或<选择对象>：

指定第二条尺寸界线原点：

指定尺寸线位置或

［多行文字（M）/文字（T）/角度（A）］：

标注文字＝58

7.2.3 角度标注

角度标注可准确测量出两条线段之间的夹角。角度标注默认的方式是选择一个对象，有四种对象可以选择：圆弧、圆、直线和点。执行"注释"→"标注"→"角度"命令，根据命令行提示信息，选中夹角的两条测量线段，指定好尺寸标注位置，如图 7.26、图 7.27 所示。

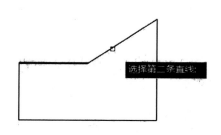

图 7.26　选择两条夹角边

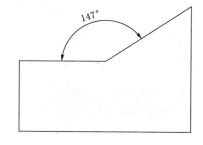

图 7.27　完成标注

资源 7.1
角度标注

命令行提示如下：

命令：_DIMANGULAR↙

选择圆弧、圆、道线或<指定顶点>：

选择第二条直线：

指定标注弧线位置或［多行文字（M）/文字（T）/角度（A）/象限点（Q）］：

标注文字＝147

在进行角度标注时，选择尺寸标注的位置尤为关键，当尺寸标注放置在当前测量角度之外，此时所测量的角度则是当前角度的补角。

7.2.4 弧长标注

弧长标注主要用于测量圆弧或多段线弧线段的距离。执行"注释"→"标注"→"弧线"命令，根据命令行中的提示信息，选中所需测量的弧线，如图 7.28、图 7.29 所示。

命令行提示如下：

命令：_DIMARC↙

选择弧线段或多段线圆弧段：

指定弧长标注位置或［多行文字（M）/文字（T）/角度（A）/部分（P）/引线（L）］：

标注文字＝114

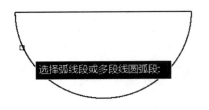

图 7.28 选择测量弧线

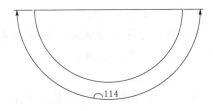

图 7.29 完成标注

7.2.5 半径/直径标注

半径/直径标注主要用于标注圆或圆弧的半径或直径尺寸。执行"注释"→"标注"→"半径/直径"命令，根据命令行中的提示信息，选中所需标注的圆的圆弧，并指定好尺寸标注位置点，如图 7.30、图 7.31 所示。

图 7.30 选择圆弧

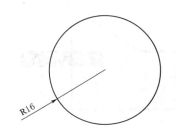

图 7.31 完成标注

命令行提示如下：

命令：_DIMRADIUS↙

选择圆弧或圆：

标注文字＝16

指定尺寸线位置或［多行文字（M）/文字（T）/角度（A）］：

7.2.6 连续标注

连续标注可以用于标注同一方向上连续的线性标注或角度标注，它是以上一个标注或指定标注的第二条尺寸界线为基准连续创建。执行"注释"→"标注"→"连续标注"命令，选择上一个尺寸界线，依次捕捉剩余测量点，按回车键完成操作，如图 7.32、图 7.33 所示。

命令行提示如下：

命令：_DIMCONTINUE↙

指定第二个尺寸界线原点或［选择（S）/放弃（U）］＜选择＞：

标注文字＝21

指定第二个尺寸界线原点或［选择（S）/放弃（U）］＜选择＞：

标注文字＝15

指定第二个尺寸界线原点或［选择（S）/放弃（U）］＜选择＞：

资源 7.2
连续标注、
快速标注

标注文字＝18

指定第二个尺寸界线原点或［选择（S）/放弃（U）］＜选择＞：

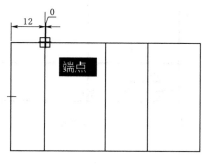

图 7.32 选择上一尺寸点

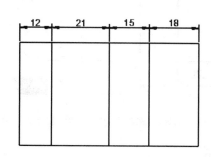

图 7.33 完成连续标注

7.2.7 快速标注

快速标注可以在图形中选择多个图形对象，系统将自动查找所选对象的端点或圆心，并根据端点或圆心的位置快速地创建标注尺寸。执行"注释"→"标注"→"快速标注"命令，根据命令行中的提示选择所要测量的线段，移动光标，指定好尺寸线位置，如图 7.34、图 7.35 所示。

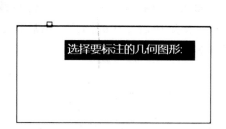

图 7.34 选择标注线段

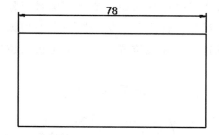

图 7.35 完成快速标注

命令行提示如下：

命令：_QDIM↙

关联标注优先级＝端点

选择要标注的几何图形：找到 1 个

选择要标注的几何图形：

指定尺寸线位置或［连续（C）/并列（S）/基线（B）/坐标（O）/半径（R）/直径（D）/基准点（P）/编辑（E）/设置（T）］＜连续＞：

7.2.8 基线标注

基线标注又称为平行尺寸标注，用于多个尺寸标注使用同一条尺寸线作为尺寸界线的情况。执行"注释"→"标注"→"基线"命令，选择所需指定的基准标注，然后依次捕捉其他延伸线的原点，按回车键即可创建出基线标注，如图 7.36、图 7.37 所示。

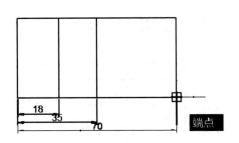

图 7.36　选择基准标注界限

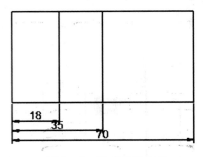

图 7.37　完成基线标注

命令行提示如下：

命令：_DIMBASELINE↙

指定第二个尺寸界线原点或 [选择 (S)/放弃 (U)] ＜选择＞：

标注文字＝35

指定第二个尺寸界线原点或 [选择 (S)/放弃 (U)] ＜选择＞：

标注文字＝70

指定第二个尺寸界线原点或 [选择 (S)/放弃 (U)] ＜选择＞：

7.2.9　折弯半径标注

折弯半径标注命令主要用于圆弧半径过大、圆心无法在当前布局中进行显示的圆弧。执行 "注释"→"标注"→"折弯" 命令，根据命令行提示，指定所需标注的圆弧，然后指定图示中心位置和尺寸线位置，最后指定折弯位置，如图 7.38、图 7.39 所示。

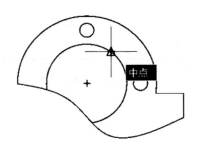

图 7.38　指定尺寸线位置

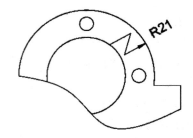

图 7.39　完成标注

命令行提示如下：

命令：_DIMJOGGED↙

选择圆弧或圆：

指定图示中心位置：

标注文字＝21

指定尺寸线位置或 [多行文字 (M)/文字 (T)/色度 (A)]：

指定折弯位置：

7.3 尺 寸 标 注 编 辑

尺寸标注创建完毕后，若对该标注不满意，也可使用各种编辑功能，对创建好的尺寸标注进行修改编辑。其编辑功能包括修改尺寸标注文本、调整标注文字位置、分解尺寸对象等。下面分别对其操作进行介绍。

7.3.1 编辑标注文本

如果要对标注的文本进行编辑，可使用"编辑标注文字"命令来设置。该命令可修改一个或多个标注文本的内容、方向、位置以及设置倾斜尺寸线等操作。

资源 7.3
修改标注内容
和标注角度

（1）修改标注内容。若要修改当前标注内容，只需双击所要修改的尺寸标注，在打开的文本编辑框中输入新标注内容，然后单击绘图区空白处即可，如图 7.40、图 7.41 所示。

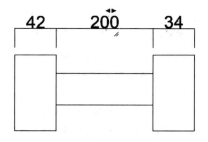

图 7.40　双击修改内容

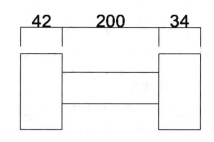

图 7.41　完成修改

（2）修改标注角度。执行"注释"→"标注"→"文字角度"命令，根据命令行提示，选中需要修改的标注文本，并输入文字角度，如图 7.42、图 7.43 所示。

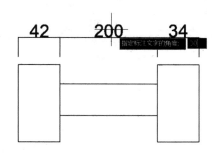

图 7.42　输入文字角度

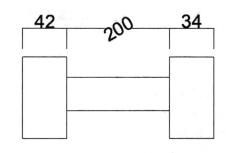

图 7.43　完成修改

（3）修改标注位置。执行"注释"→"标注"→"左对正/居中对正/右对正"命令，根据命令行提示，选中需要编辑的标注文本即可完成相应的设置，如图 7.44～图 7.46 所示。

（4）倾斜标注尺寸线。执行"注释"→"标注"→"倾斜"命令，根据命令行提示，选中所需设置的标注尺寸线，并输入倾斜角度，按回车键即可完成修改设置，如图 7.47、图 7.48 所示。

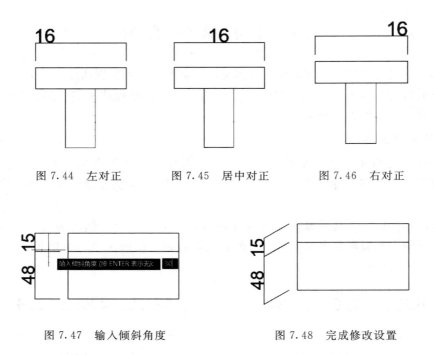

图 7.44　左对正　　　　图 7.45　居中对正　　　　图 7.46　右对正

图 7.47　输入倾斜角度　　　　　　图 7.48　完成修改设置

7.3.2　调整标注间距

调整标注间距可调整平行尺寸线之间的距离，使其间距相等或在尺寸线处相互对齐。执行"注释"→"标注"→"调整间距"命令，根据命令行中的提示选中基准标注，然后选择要产生间距的尺寸标注，并输入间距值，按回车键即可完成，如图 7.49、图 7.50 所示。

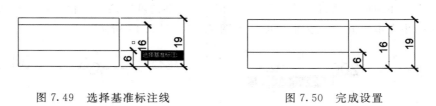

图 7.49　选择基准标注线　　　　　　图 7.50　完成设置

命令行提示如下：

命令：_DIMSPACE↙

选择基准标注：

选择要产生间距的标注：找到 1 个

选择要产生间距的标注：找到 1 个，总计 2 个

选择要产生间距的标注：

输入值或［自动（A）］＜自动＞：A

7.3.3　编辑折弯线性标注

折弯线性标注可以向线性标注中添加折弯线，表示实际测量值与尺寸界线之间的长度不同，如果显示的标注对象小于被标注对象的实际长度，即可使用该标注形式表示。执行"注

释"→"标注"→"折弯线性"命令，根据命令行提示，选择需要添加折弯符号的线性标注，按回车键即可完成，如图 7.51、图 7.52 所示。

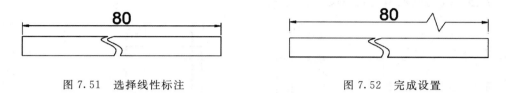

图 7.51 选择线性标注　　　　　　　　　　图 7.52 完成设置

命令行提示如下：

命令：_DIMJOGLINE↙

指定折弯位置（或按回车键）：

练 习 题

一、填空题

1. 通常在进行标注之前，应先设置好标注的样式，如标注文字大小、（　　）及尺寸线样式等。这样在标注操作时才能够统一。

2. 角度标注可准确测量出两条线段之间的（　　）。角度标注默认的方式是选择一个对象，有四种对象可以选择：圆弧、圆、直线和（　　）。

3. 显示换算单位：勾选该选项时，其他选项才可用。在"换算单位"选项区中设置各选项的方法与设置（　　）的方法相同。

二、选择题

1. 要创建与 3 个对象相切的圆可以（　　）。

A. 选择"绘图"→"圆"→"相切、相切、相切"命令

B. 选择"绘图"→"圆"→"相切、相切、半径"命令

C. 选择"绘图"→"圆"→"三点"命令

D. 单击"圆"按钮，并在命令行内输入 3P 命令

2. 有一实物的某个尺寸为 10，绘图是采用的比例为 2：1。标注是应标注（　　）。

A. 5　　　　　　　　　B. 10　　　　　　　　　C. 20　　　　　　　　　D. 5mm

3. 下面关于拉伸对象的说法不正确的是（　　）。

A. 直线在窗口内的端点不动，在窗口外的端点移动

B. 在对区域填充部分拉伸对象时，窗口外的端点不动，窗口内的端点移动

C. 在拉伸圆弧时，圆弧的弦高不变，主要调整圆心的位置和圆弧的起始角和终止角

D. 多段线两端的宽度、切线方向以及曲线及拟合信息均不改变

4. 在设置点样式时可以（　　）。

A. 选择"格式"→"点样式"命令

B. 右击，在弹出的快捷菜单中单击"点样式"命令

C. 选取该项点后，在其对应的"特性"对话框中进行设置

D. 单击"图案填充"按钮

三、上机操作题

完成挡土墙的三视图绘制与尺寸标注（图 7.53）。

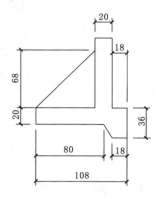
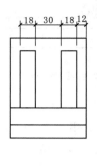
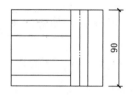

图 7.53 挡土墙三视图

资源 7.4
练习题答案

第8章　块与外部参照设计

8.1　块的概念与特点

在 AutoCAD 2020 绘制图形时，虽然使用复制、阵列等编辑命令可以重复绘制某些相同的图形，但这种方法并不是最佳的，最佳的方法是使用图块功能。图块（简称为块）在本质上是一种块定义，它包含块名、块几何图形、用于插入块时对齐块的基点位置和所有关联的属性数据。在工程制图中，对于标题栏、表面结构符号、电气设备符号、家居物品等常用对象，可以事先将它们生成块，并允许包含属性定义，以后在需要时可采用插入块的方式来快速生成。用户可以对插入的块进行编辑处理，如分解块和删除块等。

8.1.1　块的概念

AutoCAD 2020 中图块的定义：图块是一组图形实体的总称，在该图形单元中，各实体可以具有各自的图层、线型、颜色等。图块可以是一个或多个对象的集合，也可以是绘制在几个图层上不同特性对象的组合，通常它保留了图层信息。块中的对象可以设置为保留其原特性或从目标图形继承特性。块的使用使一些需要相同或相似图形的绘制过程变得更灵活、更简捷、更富有实效。用户可以通过关联对象并为它们命名或通过创建用作块的图形来创建块。

8.1.2　块的特点

（1）在应用过程中，AutoCAD 2020 将图块作为一个独立的、完整的对象来操作；用户可以根据需要按一定比例和角度将图块插入到任一指定位置。

（2）图块的图形单元中各实体可以具有各自的图层、线型、颜色等特征。

8.2　创建与编辑块

8.2.1　创建内部图块

内部图块是存储在图形文件内部的，因此只能在打开该图形文件后才能使用。

下面以创建炉灶图块为例，介绍具体创建步骤，具体步骤如下：

（1）执行"插入"→"块定义"→"创建块"命令，打开"块定义"对话框。在命令行中输入 BLOCK（快捷命令 B）并按下回车键，也可打开"块定义"对话框。在该对话框中，可设置图块的名称、基点等内容，如图 8.1 所示。

（2）在"名称"选项中输入块名称，如屋顶。单击"基点"选择组中的"拾取点"按钮，在绘图区中捕捉屋顶图形插入基点，如图 8.2 所示。

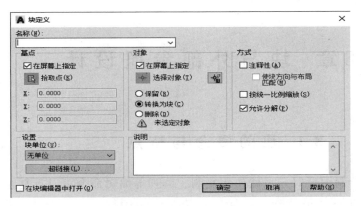

图 8.1　"块定义"对话框

返回"块定义"对话框，单击"对象"。

（3）单击选择组中的"选择对象"按钮，并在绘图区中框选屋顶图形，按回车键，如图 8.3 所示。

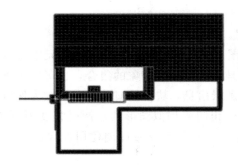

图 8.2　创建插入基点

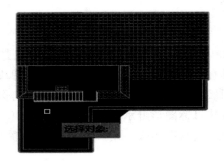

图 8.3　选择屋顶图形

（4）返回对话框后单击"确定"按钮，即可完成创建，如图 8.4 所示。

图 8.4　完成创建

在"块定义"对话框中，各选项说明如下：

1）名称：用于输入所需创建图块的名称。

2）基点：用于确定块在插入时的基准点。基点可在屏幕中指定，也可通过拾取点方式指定。当指定完成后，在 X、Y、Z 的文本框中可显示相应的坐标点。

3）对象：用于选择创建块的图形对象。选择对象同样可在屏幕上指定，也可通过拾取点方式指定。单击"选择对象"按钮，可在绘图区中选择对象，此时用户可以选择将图块删除、转换成块或保留。

4）方式：用于指定块的一些特定方式，如注释性、使块方向与布局匹配、按统一比例缩放、允许分解等。

5）设置：用于指定图块的单位。其中"块单位"用来指定块参照插入单位；"超链接"可将某个超链接与块定义相关联。

6）说明：可对所定义的块进行必要的说明。

7）在块编辑器中打开：勾选该选项后，则表示在块编辑器中打开当前的块定义。

8.2.2 创建外部图块

外部图块不依赖于当前图形，它可以在任意图形中调入并插入，其实就是将这些图形变成一个新的、独立的图形。执行"插入"→"块定义"→"写块"命令，在打开的"写块"对话框中，可以将对象保存到文件或将块转换为文件。当然，也可在命令行中直接输入 W，然后按回车键，同样也可以打开相应的对话框。

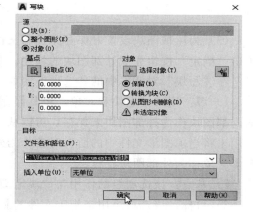

图 8.5 "写块"对话框

下面以创建餐桌椅图块为例，介绍具体的创建方法，具体步骤如下：

（1）执行"插入"→"块定义"→"写块"命令，打开"写块"对话框，如图 8.5 所示。

（2）单击"基点"选项组中的"拾取点"按钮，在绘图区中指定屋顶图形的图块基点，如图 8.6 所示。

（3）返回对话框后，单击"对象"选项组中的"选择对象"按钮，在绘图区中框选屋顶图形，并按回车键，如图 8.7 所示。

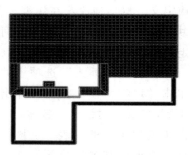

图 8.6 指定图块基点　　　　图 8.7 选择屋顶文件

（4）单击"文件名和路径"后的"显示标准的文件选择对话框"按钮，打开"浏览图形文件"对话框，如图 8.8 所示。

图 8.8　"浏览图形文件"对话框

（5）为屋顶图块设置好保存路径和文件名，单击"保存"按钮，返回"写块"对话框，单击"确定"按钮完成外部图块的创建。

在"写块"对话框中的各选项说明如下：

1）源：用来指定块和对象，将其保存为文件并指定插入点。其中"块"选项可将创建的内部图块作为外部图块来保存，可以从下拉列表中选择需要的内部图块；"整个图形"选项用来将当前图形文件中的所有对象作为外部图块存盘；而"对象"选项用来将当前绘制的图形对象作为外部图块存盘。

2）基点：该选项组的作用与"块定义"对话框中的相同。

3）目标：该选项组用来指定文件的新名称和新位置，以及插入块时所用的测量单位。

资源 8.2
写块

8.2.3　使用块编辑器

AutoCAD 2020 中的块编辑器提供了一种简单的方法，可以用来定义和编辑块以及将动态行为添加到块定义。概括地说，在块编辑器中，用户可以定义块、添加动作参数、添加几何约束或标注约束、定义属性、管理可见性状态、测试和保存块定义。在功能区"插入"选项卡的"块定义"面板中单击"块编辑器"按钮，弹出如图 8.9 所示的"编辑块定义"对话框。名称列表显示保存在当前图形中的块定义的列表，从该名称列表中选择某个块定义时，其名称将显示在"要创建或编辑的块"名称框中。"预览"框用于显示选

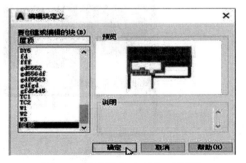

图 8.9　"编辑块定义"对话框

定块定义的预览，如果"预览"框显示闪电图标则表示该
块是动态块。"说明"框显示选定块定义的说明。

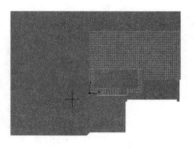

在"编辑块定义"对话框的名称列表中选择某一个块
定义名称后，单击"确定"按钮，则此块定义将在块编辑
器中打开，如图 8.10 所示。如果从名称列表中选择"＜当
前图形＞"，单击"确定"按钮后，当前图形将在块编辑器
中打开。

图 8.10　块编辑器

块编辑器包含一个特殊的编写区域，在该区域中可以
像在绘图区域中一样绘制和编辑几何图形，同时可以在块编辑器中添加参数和动作，以定义
自定义特性和动态行为。"块编辑器"功能区上下文选项卡提供了"打开/保存""几何""标
注""管理""操作参数"和"可见性"等组工具。在"块编辑器"功能区上下文选项卡的
"管理"面板中选中"编写选项板"按钮，则打开块编辑器中的块编写选项板，块编写选项
板中包含了用于创建动态块的工具，"块编写选项板"窗口包括"参数"选项卡、"动作"选
项卡、"参数集"选项卡和"约束"选项卡。不允许在块编辑器中使用 UCS 命令。然而，在
块编辑器内，UCS 图标的原点定义了块的基点，用户可以通过相对 UCS 图标原点移动几何
图形或通过添加基点参数来更改块的基点。用户还可以将参数指定给现有的三维块定义，但
不能沿 Z 轴编辑该块。此外，虽然能向包含实体对象的动态块中添加动作，但无法编辑动
态块内的实体对象（例如，拉伸实体、移动实体内的孔等）。使用块编辑器对块进行相关编
辑操作后，可以单击"保存块"按钮保存块定义，然后单击"关闭块编辑器"按钮关闭块编
辑器。

8.3　编辑与管理块属性

块的属性是块的组成部分，是包含在块定义中的文字对象，在定义块之前，要先定义该
块的每个属性，然后将属性和图形一起定义成块。属性是不能脱离块而存在的，删除图块
时，其属性也会删除。

8.3.1　创建与附着图块属性

图块的属性包括属性模式、标记、提示、属性值、插入点和文字设置。执行"插入"→
"块定义"→"定义属性"命令，打开"属性定义"对话
框，从中便可根据提示信息进行创建。

图 8.11　绘制标高图形

下面将以创建标高尺寸图块为例，介绍具体操作
步骤：

（1）执行"直线"和"图案填充"命令，绘制出标高符号，如图 8.11 所示。

（2）执行"插入"→"块定义"→"定义属性"命令，打开"属性定义"对话框，如
图 8.12 所示。

（3）在"属性"选项组中的"标记"文本框中输入"标高"，然后在"提示"文本框中
输入"标高数值"，并在"默认"文本框中输入"％％p0.00"。

（4）在"文字设置"选项组中的"对正"下拉列表中，选择"正中"选项，然后在"文

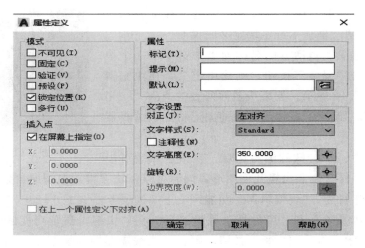

图 8.12 "属性定义"对话框

字高度"文本框中输入"1",如图 8.13 所示。

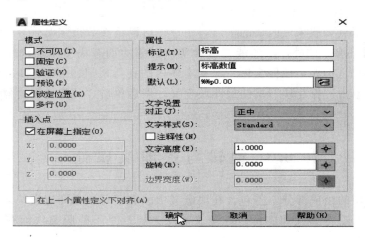

图 8.13 设置相关选项

(5)设置完成后单击"确定"按钮,在绘图区中指定插入点,如图 8.14 所示。

(6)执行"创建块"命令,在打开的"块定义"对话框中单击"拾取点"按钮,指定标高图块的基点,如图 8.15 所示。

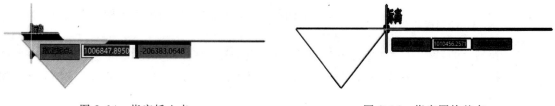

图 8.14 指定插入点   图 8.15 指定图块基点

(7)单击"选择对象"按钮,框选标高图形,按回车键,如图 8.16 所示。

(8)在"块定义"对话框中,单击"确定"按钮完成创建。接下来执行"插入块"命令，选择刚设置的标高图块，单击"确定"按钮，如图8.17所示。

（9）此时在绘图区中指定好标高点，并根据命令行提示输入所需标高值即可，如图8.18所示。

图8.16 框选图形

"属性定义"对话框中各选项说明如下：

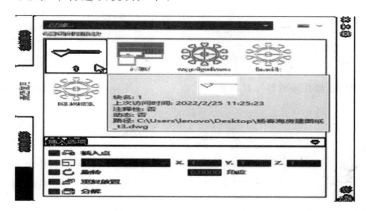

图8.17 插入标高图块

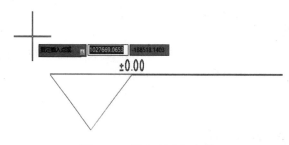

图8.18 输入所需标高值

（1）模式：该选项组主要用于控制块中属性的行为，如属性在图形中是否可见、固定等。其中"不可见"表示插入图块并输入图块的属性值后，该属性值不在图中显示出来；"固定"表示定义的属性值是常量，在插入块时属性值保持不变；"验证"表示在插入块时系统将对用户输入的属性值等进行校验提示，以确认输入的属性值是否正确；"预设"表示在插入块时，将直接默认属性值插入；"锁定位置"表示锁定属性在图块中的位置；"多行"表示将激活"边界宽度"文本框，可设置多行文字的边界宽度。

（2）属性：该选项组用于设置图块的文字信息。其中，"标记"用于设置属性的显示标记；"提示"用于设置属性的提示信息；"默认"用于设置默认的属性值。

（3）文字设置：该选项组用于对属性值的文字大小、对齐方式、文字样式和旋转角度等参数进行设置。

（4）插入点：该选项组用于指定插入属性图块的位置，默认为在绘图区中以拾取点的方式来指定。

（5）在上一个属性定义下对齐：该选项将属性标记直接置于定义的上一个属性的下面。若之前没有创建属性定义，则该选项不可用。

8.3.2 编辑管理块的属性

插入带属性的块后，可以对已经附着到块和插入图形的全部属性的值及其他特性进行编辑。执行"插入"→"块"→"编辑属性"命令，在打开的"增强属性编辑器"对话框中，选中一属性后，即可更改该属性值，如图 8.19 所示。

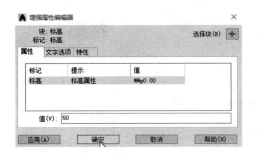

图 8.19　"增强属性编辑器"对话框

图 8.20　"文字选项"选项卡

图 8.21　"特性"选项卡

"增强属性编辑器"对话框中各选项卡说明如下：

（1）属性：该选项卡用来显示指定给每个属性的标记、提示和值。其中，标记名和提示信息不能修改，只能更改属性值。

（2）文字选项：该选项卡用来设置用于定义属性文字在图形中的显示方式的特性，如图 8.20 所示。

（3）特性：该选项卡用来定义属性所在的图层以及属性文字的线宽、线型和颜色。如果图形使用打印样式，则可使用"特性"选项卡为属性指定打印样式，如图 8.21 所示。

8.4　外部参照的使用

外部参照是将已有的图形文件以参照的形式插入到当前图形中，并作为当前图形的一部分。无论外部参照图形多么复杂，系统只会把它当作一个单独的图形。外部参照和块不同，外部参照提供了一种更为灵活的图形引用方法。使用外部参照可以将多个图形链接到当前图形中，并且作为外部参照的图形会随着原图形的修改而更新。

8.4.1　附着外部参照

要使用外部参照图形，先要附着外部参照文件。外部参照的类型共分为三种，分别为"附着型""覆盖型"以及"路径类型"。

（1）附着型：在图形中附着附加型的外部参照时，若其中嵌套有其他外部参照，则将嵌套的外部参照包含在内。

（2）覆盖型：在图形中附着覆盖型外部参照时，任何嵌套在其中的覆盖型外部参照都将被忽略而且本身也不能显示。

（3）路径类型：设置是否保存外部参照的完整路径。如果选择该选项，外部参照的路径将保存到数据库中，否则将只保存外部参照的名称而不保存

资源 8.3
附着外部参照

其路径。

执行"插入"→"参照"→"附着"命令，在"选择参照文件"对话框中选择参照文件，然后在"附着外部参照"对话框中单击"确定"按钮，即可插入外部参照图块，如图 8.22、图 8.23 所示。

图 8.22　选择参照文件

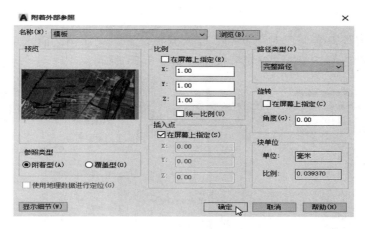

图 8.23　插入外部参照图块

"附着外部参照"对话框中各选项说明如下：

（1）预览：该显示区域用于显示当前图块。

（2）参照类型：用于指定外部参照是"附着型"还是"覆盖型"，默认设置为"附着型"。

（3）比例：用于指定所选外部参照的比例因子。

（4）插入点：用于指定所选外部参照的插入点。

（5）路径类型：用于指定外部参照的路径类型，包括"完整路径""相对路径"及"无路径"。若将外部参照指定为"相对路径"，需先保存当前文件。

（6）旋转：用于为外部参照引用指定旋转角度。

（7）块单位：用于显示图块的尺寸单位。

（8）显示细节：单击该按钮，可显示"位置"和"保存路径"两选项，"位置"用于显示附着的外部参照的保存位置；"保存路径"用于显示定位外部参照的保存路径，该路径可以是绝对路径（完整路径）、相对路径或无路径。

下面举例介绍插入附着外部参照图块的操作方法。

（1）打开所需图形文件，执行"插入"→"参照"→"附着"命令，在打开的"选择参照文件"对话框中，选择所需图块，单击"打开"按钮，如图 8.24 所示。

图 8.24　选择图块文件

（2）在"附着外部参照"对话框中，根据需要设置图块比例、插入点或路径类型等选项，在此设置为默认值，单击"确定"按钮，如图 8.25 所示。

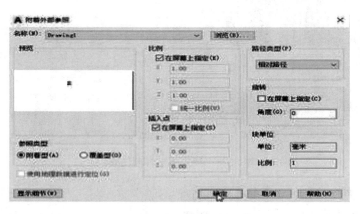

图 8.25　设置图块相关选项

（3）在绘图区中，指定该图块的插入点，如图 8.26 所示。设置完成后的效果如图 8.27 所示。从图中可以看出，插入的图块将以灰色显示。

（4）插入完成后，用户也可对参照的图块进行编辑设置。选中外部参照图块，此时在功能区中会打开"外部参照"选项卡，执行"编辑"→"在位编辑参照"命令，打开"参照编辑"对话框，如图 8.28 所示。

（5）在"参照名"列表框中，选择所需编辑图块的选项，或单击"提示选择嵌套的对象"单选按钮。本书选择后者，在绘图区中框选所需编辑的图形，如图 8.29 所示。

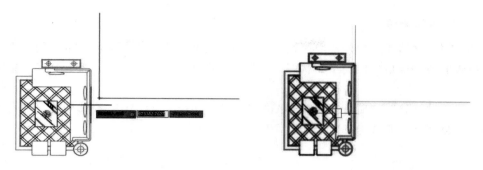

图 8.26　指定插入点　　　　　　　　图 8.27　完成效果

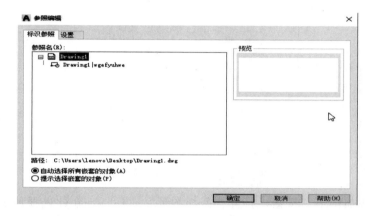

图 8.28　"参照编辑"对话框

（6）选好需要编辑的图形后，按回车键，进入可编辑状态，此时执行所需编辑命令进行编辑。本书将更改图形颜色。编辑完成后，执行"插入"→"编辑参照"→"保存修改"命令，打开系统提示框，如图 8.30 所示。

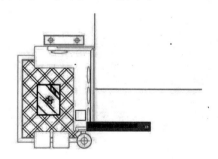

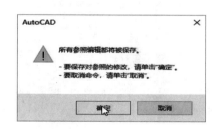

图 8.29　选择编辑图形　　　　　　图 8.30　确认保存修改

（7）单击"确定"按钮即可完成外部参照图块的编辑操作，如图 8.31 所示。

提示：在编辑外部参照的时候，外部参照文件必须处于关闭状态，如外部参照处于打开状态，程序会提示图形上已存在文件锁。保存编辑外部参照后的文件，外部参照也会随着一起更新。

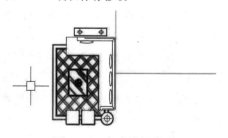

图 8.31　完成编辑修改

8.4.2　管理外部参照

外部参照管理器是一种外部应用程序，它可以检查图形文件可能附着的任何文件。参照管理器报告的特性包括文件类型、状态、文件名、参照名、保存路径、找到路径、宿主版本等信息。

（1）执行"开始"→"所有程序"→"Autodesk"→"AutoCAD 2020 简体中文"→"参照管理器"命令，打开"参照管理器"对话框，如图 8.32 所示。

图 8.32　"参照管理器"对话框

（2）单击"添加图形"按钮，打开"添加图形"对话框，在此选择所需添加的图形文件，单击"打开"按钮，如图 8.33 所示。

图 8.33　选择图形文件

（3）在"参照管理器-添加外部参照"提示对话框中，选择"自动添加所有外部参照，而不管嵌套级别"选项，如图 8.34 所示。

（4）在"参照管理器"对话框中，系统将会自动显示出该图形所有参照图块，如图 8.35 所示。

注意：外部参照与块的主要区别在于插入块后该图块将永久性地播入到当前图形中，并成为图形的一部分。而以外部参照方式插入图块后，被插入图形文件的信息并不直接加入到当前图形中，当前图形只记录参照的关系。另外，对当前图形的操作不会改变外部参照文件的内容。

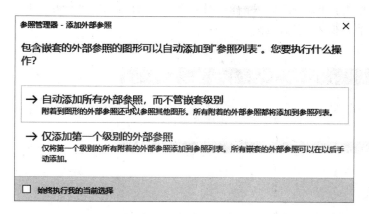

图 8.34 选择相关选项

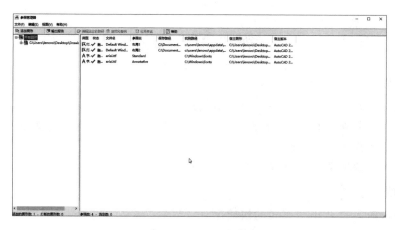

图 8.35 显示所有参照图块

8.4.3 绑定外部参照

用户在对包含外部参照的图块的图形进行保存时，有两种保存方式，①将外部参照图块与当前图形一起保存；②将外部参照图块绑定至当前图形。如果选择第一种方式，参照图块与图形始终保持在一起，对参照图块的任何修改都会反映在当前图形中。为了防止修改参照图块时更新归档图形，通常都是将外部参照图块绑定到当前图形中。

绑定外部参照图块到图形上后，外部参照将成为图形中固有的一部分，而不再是外部参照文件了。

选择外部参照图形，执行"外部参照"→"选项"→"外部参照"命令，在打开的"外部参照"面板中，右击选中外部参照文件，从快捷菜单中选择"绑定"选项，如图 8.36所示。随后在打开的对话框中选择绑定类型，最后单击"确定"按钮即可，如图 8.37所示。

"绑定外部参照/DGN 参考底图"对话框中各选项说明如下：

（1）绑定：单击该单选按钮，将外部参照中的图形对象转换为块参照。命名对象定义将添加有 n 前缀的当前图形。

（2）插入：单击该单选按钮，同样将外部参照中的图形转换为块参照，命名对象定义将合并到当前图形中，但不添加前缀。

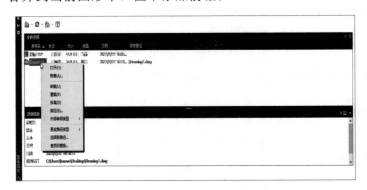 

图 8.36　选择"绑定"选项　　　　　　　　　　图 8.37　选择绑定类型

练　习　题

一、填空题

1. 图块做好后，在插入时，（　　）〔填能或不能〕放大或旋转。

2. 新建块时，所选取的对象位于（　　）层时，该块插入到当前文件的非 0 图层后，块的颜色、线型随当前层设置改变。

3. 对于插入图块所能进行的操作有（　　）、（　　）、（　　）。

二、选择题

1. 绘制图形时，打开正交模式的快捷键（　　）。

A. F4　　　　　　　　　　　　　　B. F6

C. F8　　　　　　　　　　　　　　D. F10

2. 在图层的标准颜色中（　　）是图层的缺省颜色。

A. 红色　　　　　　　　　　　　　B. 白/黑色

C. 蓝色　　　　　　　　　　　　　D. 黄色

3. 插入块之前，必须做（　　）。

A. 确定块的插入点　　　　　　　　B. 确定块名

C. 选择块对象　　　　　　　　　　D. 确定块位置

4. 用缩放命令"scale"缩放对象时（　　）。

A. 必须指定缩放倍数　　　　　　　B. 可以不指定缩放基点

C. 必须使用参考方式　　　　　　　D. 可以在三维空间缩放对象

5. 移动圆对象，使其圆心移动到直线中点，需要应用（　　）。

A. 正交　　　　　　　　　　　　　B. 捕捉

C. 栅格　　　　　　　　　　　　　D. 对象捕捉

三、绘图题

根据图 8.38 所给二维平面图尺寸，绘制三维立体图。

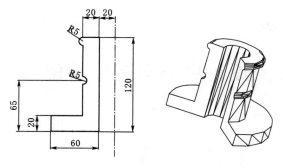

图 8.38　旋转体草图

资源 8.4
练习题答案

第9章 设计中心与辅助功能

9.1 设计中心的应用

AutoCAD 2020 设计中心是重复利用和共享内容的一个直观高效的工具，它提供了强大的观察和重用设计内容的工具，图形中任何内容几乎都可以通过设计中心实现共享。利用设计中心，不仅可以浏览、查找、预览和管理 AutoCAD 2020 图形、图块、外部参照及光栅图形等资源文件，还可以通过简单的拖操作，将位于本计算机、局域网或 Internet 上的图块、图层、外部参照等内容插入到当前图形文件中。

9.1.1 启动设计中心功能

在 AutoCAD 2020 中启动设计中心的方法有以下三种：

（1）使用功能区命令启动。执行"视图"→"选项板"→"设计中心"命令，打开"设计中心"面板，用户可控制设计中心的大小、位置和外观，也可根据需要进行插入、搜索等操作。

（2）使用菜单栏命令启动。在菜单栏中执行"工具"→"选项板"→"设计中心"命令，同样也可以打开"设计中心"面板。

（3）使用命令行操作。在命令行中直接输入"ADCENTER"然后按回车键，即可打开"设计中心"面板。"设计中心"面板分为两部分，左侧为树状图，在此可浏览内容的源；右侧为内容显示区，在此则显示了被选文件的所有内容，如图 9.1 所示。

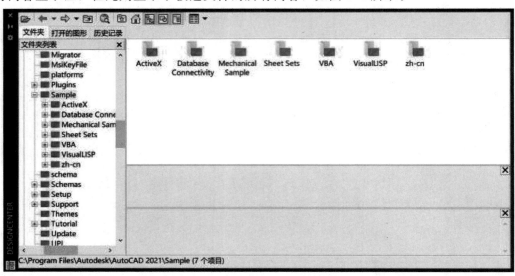

图 9.1 "设计中心"面板

在"设计中心"面板的工具栏中，控制了树状图和内容区中信息的浏览和显示。需要注意的是，当设计中心的选项卡不同时略有不同，下面分别进行简要说明。

（1）加载：单击"加载"按钮，弹出"加载"对话框，通过对话框选择预加载的文件。

（2）上一页：单击"上一页"按钮，可以返回到前一步操作。如果没有上一步操作，则该按钮呈未激活的灰色状态，表示该按钮无效。

（3）下一页：单击"下一页"按钮，可以返回到设计中心中的下一步操作。如果没有下一步操作，该按钮呈未激活的灰色状态，表示该按钮无效。

（4）上一级：单击该按钮，会在内容窗口或树状视图中显示上一级内容、内容类型、内容源、文件夹、驱动器等内容。

（5）搜索：单击该按钮，提供类似于 Windows 的查找功能，使用该功能可以查找内容源、内容类型及内容等。

（6）在收藏夹：单击该按钮，用户可以找到常用文件的快捷方式图标。

（7）主页：单击"主页"按钮，将使设计中心返回到默认文件夹。安装时设计中心的默认文件夹被设置为"···\ Sample \ DesignCenter"。用户可以在树状结构中选中一个对象，右击该对象后在弹出的快捷菜单中选择"设置为主页"命令，即可更改默认文件夹。

（8）树状图切换：单击"树状图切换"按钮，可以显示或者隐藏树状图。如果绘图区域需要更多的空间，用户可以隐藏树状图。树状图隐藏后可以使用内容区域浏览器加载图形文件。

（9）预览：用于实现预览窗格打开或关闭的切换。如果选定项目没有保存的预览图像，则预览区域为空。

（10）视图：确定控制板所显示内容的不同格式，用户可以从视图列表中选择一种视图。

在"设计中心"面板中，根据不同用途可分为文件夹、打开的图形和历史记录三个选项卡。

（1）文件夹：用于显示导航图标的层次结构。选择层次结构中的某一对象，在内容窗口、预览窗口和说明窗口中将会显示该对象的内容信息。利用该选项卡还可以向当前文档中插入各种内容，如图 9.2 所示。

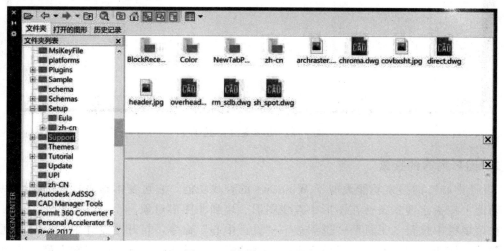

图 9.2 "文件夹"选项卡

（2）打开的图形：用于在设计中心显示当前绘图区中打开的所有图形，其中包括最小化图形。选中某文件选项，则可查看到该图形的有关设置，例如图层、线型、文字样式、块、标注样式等，如图 9.3 所示。

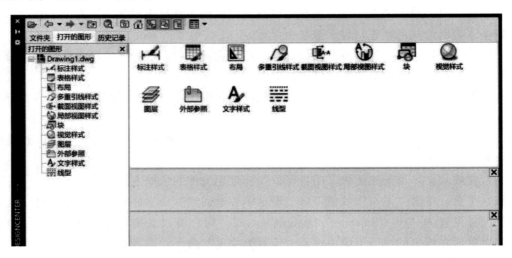

图 9.3 "打开的图形"选项卡

（3）历史记录：显示用户最近浏览的 AutoCAD 图形。显示历史记录后在文件上右击，在弹出的快捷菜单中选择"浏览"命令可以显示该文件的信息，如图 9.4 所示。

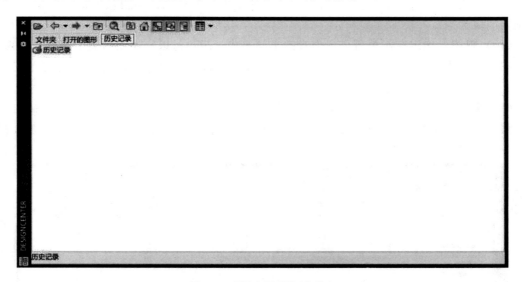

图 9.4 "历史记录"选项卡

9.1.2 图形内容的搜索

"设计中心"的搜索功能类似于 Windows 的查找功能，它可在本地磁盘或局域网中的网络驱动器上按指定搜索条件在图形中查找图形、块和非图形对象。

在菜单栏中执行"工具"→"选项板"→"设计中心"命令，打开"设计中心"对话框，单击"搜索"按钮，在"搜索"对话框中单击"搜索"下拉按钮，并选择搜索类型，然后指定好搜索路径，并根据需要设定搜索条件，单击"立即搜索"按钮即可，如图9.5所示。

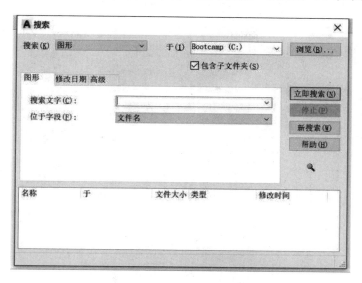

图9.5 "搜索"对话框

"搜索"对话框中选项卡的说明如下：

（1）图形：用于显示与"搜索"列表中指定的内容类型相对应的搜索字段。其中"搜索文字"用来指定要在指定字段中搜索的字符串。使用"＊"或"？"通配符可扩大搜索范围；而"位于字段"用来指定要搜索的特性字段。

（2）修改日期：用于查找在一段特定时间内创建或修改的内容。其中"所有文件"用来查找满足其他选项卡上指定条件的所有文件，不考虑创建或修改日期；"找出所有已创建的或已修改的文件"用于查找在特定时间范围内创建或修改的文件，如图9.6所示。

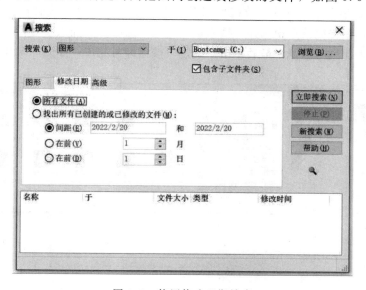

图9.6 使用修改日期搜索

（3）高级：用于查找图形中的内容。其中，"包含"用于指定要在图形中搜索的文字类型；"包含文字"用于指定搜索的文字；"大小"用于指定文件大小的最小值或最大值，如图 9.7 所示．

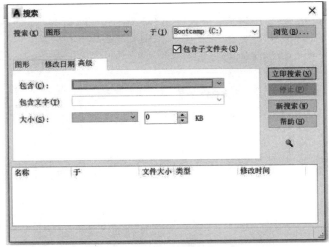

图 9.7　使用"高级"搜索

9.1.3　插入图形内容

使用设计中心可以方便地在当前图形中插入块、引用光栅图像和外部参照，并在图形之间复制图层、线型、文字样式和标注样式等各种内容。

9.1.3.1　插入块

设计中心提供了两种插入图块的方法：①按照默认缩放比例和旋转方式进行操作；②精确指定坐标、比例和旋转角度插入。使用设计中心执行图块的插入时，首先选中所要插入的图块，然后按住鼠标左键将其拖至绘图区后释放鼠标即可。最后调整图形的缩放比例以及位置。用户也可在"设计中心"面板中，右击所需插入的图块，在快捷菜单中选择"插入块"选项，然后在"插入"对话框中，根据需要确定插入基点、插入比例等数值，最后单击"确定"按钮即可完成，如图 9.8 及图 9.9 所示。

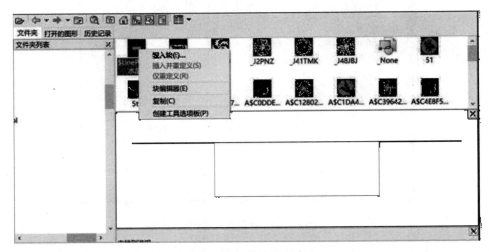

图 9.8　选择快捷菜单命令

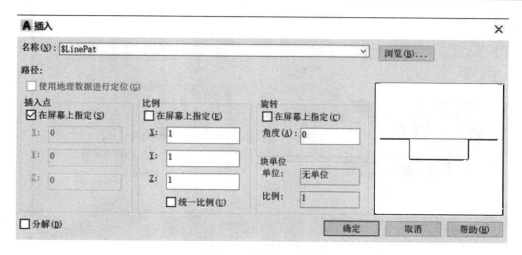

图 9.9 设置插入图块

9.1.3.2 引用光栅图像

在 AutoCAD 2020 中除了可向当前图形插入块，还可以将数码照片或抓取的图像插入到绘图区中，光栅图像类似于外部参照，需按照指定的比例或旋转角度插入。在"设计中心"面板左侧树状图中指定图像的位置，然后在右侧内容区域中右击所需图像，在弹出的快捷菜单中选择"附着图像"选项。接着在打开的对话框中根据需要设置插入比例等选项，在绘图区中指定好插入点，最后单击"确定"按钮，如图 9.10 及图 9.11 所示。

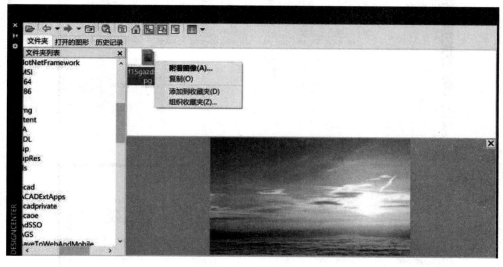

图 9.10 选择图像

9.1.3.3 复制图层

在使用设计中心进行图层的复制时，只需使用设计中心将预先定义好的图层拖放至新文件中即可。这样既节省了大量的作图时间，又能保证图形标准的要求，也保证了图形间的一致性。按照同样的操作还可以对图形的线型、尺寸样式、布局等属性进行复制操作。

用户只需在"设计中心"面板左侧树状图中选择所需图形文件，单击"打开的图形"选项卡，选择"图层"选项，然后在右侧内容显示区中选中所有的图层文件，按住鼠标左键并

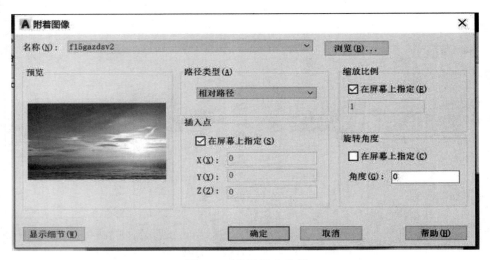

图 9.11　设置插入比例

将其拖至新的空白文件中，最后放开鼠标即可。此时在该文件中，执行"图层特性"命令，在打开的"图层特性管理器"中，会显示所复制的图层，如图 9.12 及图 9.13 所示。

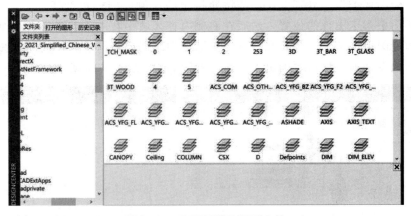

图 9.12　选择复制的图层文件

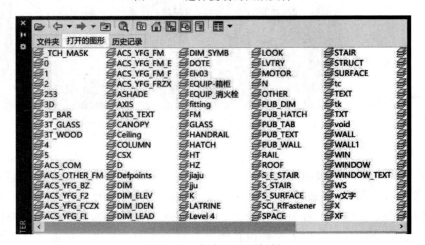

图 9.13　完成图层的复制

9.2 查 询 命 令

AutoCAD 2020 提供了实用的信息查询工具，可以查询的信息大致可以分为两类，一类是绘图级信息（系统级信息），另一类则是对象级信息。绘图级信息主要是指适用于整个图形文件甚至整个计算机系统而非单个图形对象的信息，如绘图时间、绘图状态、图形修改时间、系统变量等；对象级信息为适用于相关对象的信息，如两点距离、半径大小、角度大小、面积、体积和质量等。

9.2.1 距离查询

距离查询功能可以测量两点之间或多段线上的距离。在模型空间中，组件在 X、Y 和 Z 距离和角度中的更改是在相对于当前 UCS 的三维空间中测量的。在图纸空间中，距离通常以二维图纸空间单位进行报告。但是，在显示在单个视口中的模型空间中使用对象捕捉时，距离将报告为投影到与屏幕平行的平面上的二维模型空间距离。执行"默认"→"实用工具"→"测量"→"距离"命令，根据命令行提示，选择测量图形的两个测量点，即可得出查询结果，如图 9.14 所示。

资源 9.2
信息查询功能

命令行提示如下：

命令：_MEASUREGEOM↙

输入选项 [距离（D）/半径（R）/角度（A）/面积（AR）/体积（V）] ＜距离＞：DIS-TANCE↙

指定第一点：指定第一个测量点

指定第二个点或 [多个点（M）]：指定第二个测量点

距离＝2000.0000，XY 平面中的倾角＝270，与 XY 平面的夹角＝0

X 增量＝0.0000，Y 增量＝—2000.0000，Z 增量＝0.0000

输入选项 [距离（D）/半径（R）/角度（A）/面积（AR）/体积（V）/退出（X）] ＜距离＞：＊取消＊

除了使用功能区中的"测量"命令外，用户还可以在命令行中输入 DI 命令并按下回车键，同样可启动"距离"查询功能，其操作方法与上面所介绍的相同。

9.2.2 半径查询

半径查询主要用于查询圆或圆弧的半径或直径数值。执行"实用工具"→"测量"→"半径"命令，选择要进行查询的圆或圆弧曲线，此时，系统将自动查询出圆或圆弧的半径值和直径值，如图 9.15 所示。

9.2.3 角度查询

要测量角度，则在功能区"默认"选项卡的"实用工具"→"测量"→"角度"按钮，命令窗口的当前命令行中出现"选择圆弧、圆、直线或＜指定顶点＞："的提示信息，接着可以执行以下操作之一来测量相应的角度。

（1）选择圆弧，则 AutoCAD 2020 测量所选圆弧的圆心角。

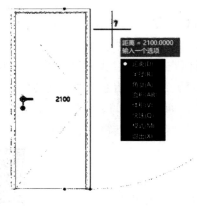

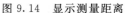

图 9.14　显示测量距离

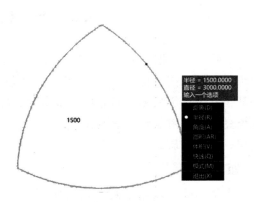

图 9.15　半径测量

（2）选择一条直线，接着选择第二条直线，则测量所选两条直线之间形成的角度。

（3）选择圆，接着指定角的第二个端点，则完成一个角度的测量，该角以圆心为顶点，所选圆的单击点将定义角的第一个端点。

（4）按回车键以接受默认的"指定顶点"选项，选择角的顶点，并接着指定角的第一个端点和第二个端点，从而完成该角的测量，如图 9.16 所示。

9.2.4　面积周长查询

使用功能区"默认"选项卡"实用工具"→"测量"→"面积"按钮，可以测量和显示点序列对象或封闭二维图形的周长和面积。对于三维图形对象则是测量其表面积。测量面积工具在工程制图中较为常用，例如在建筑设计中，设计人员可以使用此工具很方便地测量房间的面积。在功能区"默认"选项卡的"实用工具"面板中单击"测量"|"面积"按钮，出现图 9.17 所示的提示信息。此时可以根据需要选择测量面积的不同方式。

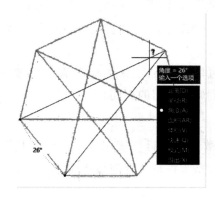

图 9.16　角度测量

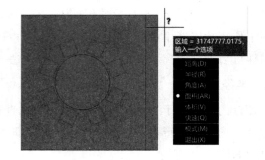

图 9.17　测量信息

1. 通过选择系列角点来测量面积

这是默认的面积测量方式，可以通过指定一组角点来测量由这些角点围成的任意形状封闭区域的面积和周长，但要求这些指定角点必须位于一个特定平面上，如该平面必须与当前用户坐标系的 XY 平面平行。具体范例如下：

命令：_MEASUREGEOM↙//单击测量选项卡中的"面积"按钮→

输入选项［距离（D）/半径（R）/角度（A）/面积（AR）/体积（V）］＜距离＞：AR

指定第一个角点或［对象（O）/增加面积（A）/减少面积（S）/退出（X）］＜对象(O)＞：//选择端点A

指定下一个点或［圆弧（A）/长度（L）/放弃（U）］：选择端点B

指定下一个点或［圆弧（A）/长度（L）/放弃（U）］：选择端点C

指定下一个点或［圆弧（A）/长度（L）/放弃（U）/总计（T）］＜总计＞：选择端点D

指定下一个点或［圆弧（A）/长度（L）/放弃（U）/总计（T）］＜总计＞：选择端点E

指定下一个点或［圆弧（A）/长度（L）/放弃（U）/总计（T）］＜总计＞：↙

区域＝866.0254，周长＝114.6410

输入选项［距离（D）/半径（R）/角度（A）/面积（AR）/体积（V）/退出（X）］＜面积＞：X

2. 通过选取对象来测量面积

使用此测量方法可以测量圆、椭圆、多边形、多段线、面域等对象的面积和周长，其测量结果的显示信息根据不同的对象而略有差别。

在功能区"默认"选项卡的"实用工具"面板中单击"测量"|"面积"按钮后，在"指定第一个角点或［对象（O）/增加面积（A）/减少面积（S）/退出（X）］＜对象（O）＞："提示下选择"对象（O）"提示选项，接着选择圆、椭圆、多边形、多段线和面域等有效对象，则AutoCAD 2020将显示测量的结果。对于由单独的直线和单独的圆弧对象组成的复合二维闭合曲线，则不能使用此测量方法直接获取所希望的测量结果。要测量此类复合的二维闭合曲线，则需要先将该图形生成面域或产生二维多段线，然后再将面域或二维多段线作为对象查询。对于不封闭的二维多段线，AutoCAD 2020会假设用虚拟直线连接两个端点，从而测量其假设的面积，还会测量多段线的长度。

3. 使用增加面积或减少面积测量组合面积

通过组合运算可以测量复杂图形的组合面积。选择"增加面积"模式时，则接下去测量的每个面积将会被累加到总面积中；选择"减少面积"模式时，则接下去测量的每一个面积都会从总面积中减去，如图9.18所示。

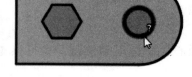

图9.18　减少测量组合面积

命令：_MEASUREGEOM↙

输入选项［距离（D）/半径（R）/角度（A）/面积（AR）/体积（V）］＜距离＞：AR

指定第一个角点或［对象（O）/增加面积（A）/减少面积（S）/退出（X）］＜对象（O）＞：A

指定第一个角点或［对象（O）/减少面积（S）/退出（X）］：O

（"加"模式）选择对象：选择图9.18所示的二维多段线

区域＝2231.0564，长度＝189.9779

总面积＝2231.0564

（"加"模式）选择对象：↙

区域＝2231.0564，长度＝189.9779

总面积＝2231.0564

指定第一个角点或［对象（O）/减少面积（S）/退出（X）］：S

指定第一个角点或［对象（O）/增加面积（A）/退出（X）］：O

（"减"模式）选择对象：选择图 9.18 所示的正六边形

区域＝166.2769，周长＝48.0000

总面积＝2064.7795

（"减"模式）选择对象：选择图 9.18 所示的小圆

区域＝113.0973，圆周长＝37.6991

总面积＝1951.6822

（"减"模式）选择对象：↙

区域＝113.0973，圆周长＝37.6991

总面积＝1951.6822

指定第一个角点或［对象（O）/增加面积（A）/退出（X）］：X

输入选项［距离（D）/半径（R）/角度（A）/面积（AR）/体积（V）/退出（X）］＜面积＞：X

9.2.5　查询点坐标

可以查询指定位置的 UCS 坐标值。在功能区"默认"选项卡的"实用工具"面板中单击"点坐标"按钮，接着选择要查询其坐标值的位置点，则 AutoCAD 2020 会列出指定点 X、Y 和 Z 值，并将指定点的坐标存储为最后一点。

9.2.6　面域质量查询

在 AutoCAD 2020 中，执行菜单栏中的"工具"→"查询"→"面域/质量特性"命令，并选中所需查询的图形对象，按回车键，在打开的文本窗口中即可查看其具体信息。按回车键，可继续读取相关信息，如图 9.19 及图 9.20 所示。

使用 MASSPROP 命令，可以查询三维实体的体积、质心和惯性矩等信息，也可以查询二维面域对象的周

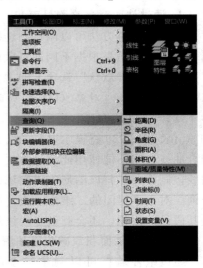

图 9.19　选择命令

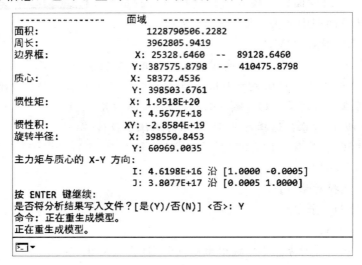

图 9.20　查看相关信息

长、面积和其他信息。在这里以查询二维面域对象为例。在当前命令行的"输入命令"提示下输入"MASSPROP"命令并按回车键，接着选择所需的面域对象，按回车键，此时命令窗口列出所选面域的质量特性查询结果，并出现"是否将分析结果写入文件？［是（Y）/否（N）］＜否＞:"提示信息。此时，如果选择"否"选项，则不将分析结果写入文件；如果选择"是"选项，则弹出"创建质量与面积特性文件"对话框，从中指定文件类型，选择文件保存位置，输入文件名，然后单击"保存"按钮即可将它保存为指定文件类型的文件。

9.3 清理图形垃圾与修复受损图形文件

本节介绍两个典型的图形实用工具命令，即 PURGE 和 RECOVER，前者用于清理图形文件中的垃圾，后者则用于修复受损图形文件。

9.3.1 清理图形垃圾

在使用 AutoCAD 2020 进行绘图时，经常要用到图层、线型、图块、文字样式、标注样式等，这些对象有些需要保留，有些只是临时应用一下而对最终图形并无作用，有些虽然创建了但后来设计变更导致从未用到。为了使图形文件简洁，可以使用图形实用工具命令"PURGE（清理）"来对其进行清理，将无用的对象从图形文件中清除，这样图形保存后所占储存空间也将更小。

下面以一个示例介绍如何清理图形垃圾。

在一个打开的图形文件中，在命令行的"输入命令"提示下输入 PURGE 命令并按回车键，或者在应用程序菜单中选择"图形实用工具"|"清理"命令，弹出如图 9.21 所示的"清理"对话框。

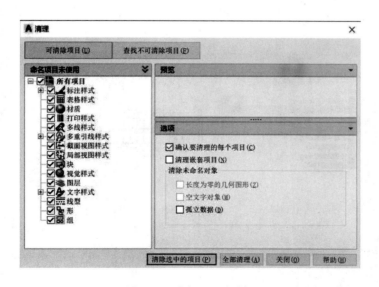

图 9.21 "清理"对话框

资源 9.3
清理图形垃圾

图 9.22 "清理-确认清理"对话框

在"已命名的对象"选项组中选择"可消除项目"单选按钮,接着在"命名项目未使用"列表框中选择要清理的图形项目,例如选择"块",并确保勾选"确认要清理的每个项目",单击"清除选中的项目",系统弹出图 9.22 所示的"清理-确认清理"对话框,从中单击"清除所有选中项"按钮以清理图形中未使用的命名图块。

如果在"清理"对话框中直接单击"全部清理"按钮,则清理所有未使用项目。"清理"对话框中的"清理零长度几何图形"和"空文字对象"复选框用于删除非块对象中长度为零的几何图形(直线、圆弧、多段线等),同时还删除非块对象中包含空格(无文字)的多行文字和单行文字。但"PURGE"命令不会从块或锁定图层中删除长度为零的几何图形或空文字和多行文字对象。此外,对于未命名的对象,使用"PURGE"命令时可以设置自动清理孤立的数据。

使用同样的方法,对图形中其他未使用的项目进行清理。必要时可勾选"清理嵌套项目"复选框以设置可以从图形中删除所有未使用的命名对象,即使这些对象包含在其他未使用的命名对象中或被某些对象所参考。对于不能清理的选定项目,AutoCAD 2020 系统会提示不能清理选定项目的详细原因。

9.3.2 修复受损图形文件

对于受损的文件,AutoCAD 2020 在加载该文件的过程中会对其进行检查并尝试自动修复错误,如果尝试修复不成功,那么用户还可以尝试使用"RECOVER(修复)"命令对其进行修复。新建一个空的 AutoCAD 图形文件中,在命令行的"输入命令"提示下输入"RECOVER"并按回车键,或者在应用程序菜单中选择"图形实用工具"→"修复"命令,系统弹出图 9.23 所示的"选择文件"对话框,从中选择需要修复的文件,单击"打开"按钮,AutoCAD 2020 开始自动修复,当弹出 AutoCAD 消息对话框,单击"确定"按钮即可。

图 9.23 "选择文件"对话框

练 习 题

一、填空题

1. 使用菜单栏命令启动设计中心的操作为：在菜单栏中执行"工具"→"（　　）"→"设计中心"命令，即可打开设计中心操作面板。

2. 使用设计中心可以方便地在当前图形中进行插入图块、（　　）和外部参照等功能。

3. 设计中心提供了两种插入图块的方法，一种为按照默认（　　）和（　　）进行操作；另一种则是精确指定坐标、比例和旋转角度插入。

4. AutoCAD 2020 提供了实用的信息查询工具，可以查询的信息大致可以分为两类，一类是绘图级信息（系统级信息），另一类则是（　　）。

二、选择题

1. 在 AutoCAD 2020 中启动设计中心的快捷键为（　　）。

A. Ctrl＋1　　　　　　B. Ctrl＋2　　　　　　C. Ctrl＋3　　　　　　D. Ctrl＋4

2. 在设计中心面板中用于显示导航图标的层次结构的选项卡是（　　）。

A. "预览"选项卡　　　　　　　　　　B. "文件夹"选项卡

C. "打开的图形"选项卡　　　　　　　D. "历史记录"选项卡

3. 修复受损图形文件的命令为（　　）。

A. RECOVER　　　B. REPAIR　　　C. RESTORE　　　D. RENOVATE

4. 查询指定位置的 UCS 坐标值可在功能区"默认"选项卡的（　　）面板中单击"点坐标"按钮即可查询坐标值。

A. "注释"　　　　　B. "特性"　　　　　C. "实用工具"　　　　　D. "组"

5. （多选）绘图级信息主要指适用于整个图形文件甚至整个计算机系统而非单个图形对象的信息，以下为绘图级信息的是（　　）。

A. 绘图时间　　　　B. 绘图状态　　　　C. 图形修改时间　　　　D. 系统变量

6. （多选）清理图形垃圾的命令为（　　）。

A. CLEAN　　　　　　　　　　B. DELETE

C. REMOVE　　　　　　　　　D. PURGE

7. （多选）使用设计中心进行图层的复制既节省了作图时间，又能保证图形标准的要求，也保证了图形间的一致性。按照同样的操作还可以对图形的（　　）等属性进行复制操作。

A. 线型　　　　　　　　　　B. 尺寸样式

C. 布局　　　　　　　　　　D. 颜色

资源 9.4
练习题答案

第 10 章 绘 制 三 维 模 型

10.1 三 维 绘 图 基 础

使用 AutoCAD 2020 绘制三维模型时，首先要掌握三维绘图的基础知识，如三维视图、三维坐标系和动态 UCS 等，然后才能快速、准确地完成三维模型的绘制。

绘制三维模型时，应将工作空间切换为"三维模型"工作空间，如图 10.1 所示。可以通过以下方法切换工作空间：

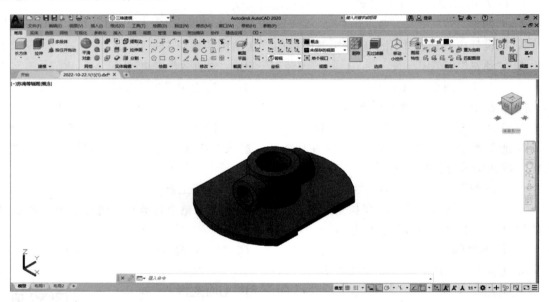

图 10.1 "三维建模"工作空间

（1）执行"工具"→"工作空间"→"三维建模"命令，即可切换至"三维建模"工作空间。

（2）单击快速访问工具栏中的"工作空间"下拉按钮 草图与注释 ▼，在打开的下拉列表中选择"三维建模"选项，即可切换"三维建模"工作空间。

（3）单击状态栏中的"切换工作空间"按钮 ✿ ▼，在弹出的快捷菜单中选择"三维建模"选项，即可切换至"三维建模"工作空间。

10.1.1 设置三维视图

绘制三维模型时，由于模型有多个面，仅从一个角度不能观看到模型的其他面，因此，应根据情况选择相应的观察点。三维视图样式有很多种，其中包括俯视、仰视、左视、右视、前视、后视、西南等轴测、东南等轴测、东北等轴测和西北等轴测。

在 AutoCAD 2020 中，可以通过以下方法设置三维视图：

（1）执行"视图"→"三维视图"命令中的子命令，如图 10.2 所示。

（2）在"常用"选项卡的"视图"面板中单击"三维导航"下拉按钮，在打开的下拉列表中选择相应的视图选项即可，如图 10.3 所示。

图 10.2 "三维视图"菜单　　图 10.3 "三维导航"下拉列表

（3）在"视图"选项卡的"视图"面板中，选择相应的视图选项即可，如图 10.4 所示。

（4）在绘图窗口中单击"视图控件"图标，在打开的快捷菜单中选择相应的视图选项即可，如图 10.5 所示。

图 10.4 "视图"面板　　图 10.5 "视图控件"快捷菜单

10.1.2　三维坐标系

三维坐标分为世界坐标系和用户坐标系两种。其中世界坐标系为系统默认坐标系，它的坐标原点和方向是固定不变的。用户坐标系可根据绘图需求，改变坐标系原点和方向，使用起来较为灵活。

在 AutoCAD 2020 中，使用 UCS 命令可以创建用户坐标系，可以通过以下方法执行 UCS 命令：

（1）执行"工具"→"新建 UCS"命令中的子命令。

（2）在"常用"选项卡的"坐标"面板中单击相应新建 UCS 按钮。

（3）在命令行中输入 UCS，然后按回车键。

执行 UCS 命令后，命令行提示内容如下：

指定 UCS 的原点或［面（F）命名（NA）对象（OB）上一个（P）视图（V）世界（W）XYZZ 轴（ZA）］＜世界＞：

在命令行中，各选项的含义如下：

（1）指定 UCS 的原点：使用一点、两点或三点定义一个新的 UCS。指定单个点后，命令提示行将提示"指定 X 轴上的点或＜接受＞："，此时，按回车键选择"接受"选项，当前 UCS 的原点将会移动而不会更改 X、Y 和 Z 轴的方向；如果在此提示下指定第二个点，UCS 将绕先前指定的原点旋转，以使 UCS 的 X 正半轴通过该点；如果指定第三点，UCS 将绕 X 轴旋转，以使 UCS 的 Y 的正半轴包含该点。

（2）面：用于将 UCS 与三维对象的选定面对齐，UCS 的 X 轴将与找到的第一个面上最近的边对齐。

（3）命名：按名称保存并恢复通常使用的 UCS 坐标系。

（4）对象：根据选定的三维对象定义新的坐标系。新 UCS 的拉伸方向为选定对象的方向。此选项不能用于三维多段线、三维网格和构造线。

（5）上一个：恢复上一个 UCS 坐标系。程序会保留在图纸空间中创建的最后 10 个坐标系和在模型空间中创建的最后 10 个坐标系。

（6）视图：以平行于屏幕的平面为 XY 平面建立新的坐标系，UCS 原点保持不变。

（7）世界：将当前用户坐标系设置为世界坐标系。UCS 是所有用户坐标系的基准，不能被重新定义。

（8）X/Y/Z：绕指定的轴旋转当前 UCS 坐标系。通过指定原点和正半轴绕 X、Y 或 Z 轴旋转。

（9）Z 轴：用指定的 Z 的正半轴定义新的坐标系。选择该选项后，可以指定新原点和位于新建 Z 轴正半轴上的点；或选择一个对象，将 Z 轴与离选定对象最近的端点的切线方向对齐。

10.1.3 动态 UCS

使用动态 UCS 功能，可以在创建对象时使 UCS 的 XY 平面自动与实体模型上的平面临时对齐。在状态栏中单击允许/禁止动态 UCS 按钮，即可打开或关闭动态 UCS 功能，如图 10.6 和图 10.7 所示。

图 10.6 禁止动态 UCS 模式

图 10.7 启动动态 UCS 模式

10.2 设 置 视 觉 样 式

在等轴测视图中绘制三维模型时，默认状况下是以线框方式显示的。用户可以使用多种不同的视觉样式来观察三维模型，如真实、隐藏等。通过以下方法可执行"视觉样式"命令：

（1）执行"视图"→"视觉样式"命令中的子命令。

（2）在"常用"选项卡的"视图"面板中单击"视觉样式"下拉按钮，在打开的下拉列表中选择相应的视觉样式选项即可。

（3）在"视图"选项卡的"视觉样式"面板中单击"视觉样式"下拉按钮，在打开的下拉列表中选择相应的视觉样式选项即可。

（4）在绘图区中单击"视图样式"图标，在打开的快捷菜单中选择相应的视图样式选项即可。

10.2.1 二维线框样式

二维线框视觉样式使用表现实体边界的直线和曲线来显示三维对象。在该模式中光栅和嵌入对象、线型及线宽均是可见的，并且线与线之间都是重复叠加的，如图 10.8 所示。

10.2.2 概念样式

概念样式显示着色后的多边形平面间的对象，并使对象的边平滑化。该视觉样式缺乏真实感，但可以方便用户查看模型的细节，如图 10.9 所示。

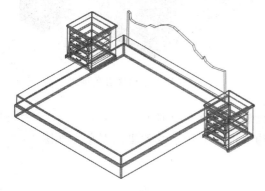

图 10.8　二维线框样式

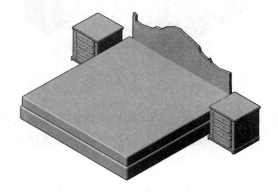

图 10.9　概念样式

10.2.3 真实样式

真实样式显示着色后的多边形平面间的对象，对可见的表面提供平滑的颜色过渡，其表达效果进一步提高，同时显示已经附着到对象上的材质效果，如图 10.10 所示。

10.2.4 其他样式

在 AutoCAD 2020 中还包括隐藏、着色、带边缘着色、灰度和勾画等视觉样式。

（1）隐藏样式。隐藏样式与概念样式相似，但概念样式是以灰度显示并略带有阴影光线；而隐藏样式以白色显示，如图 10.11 所示。

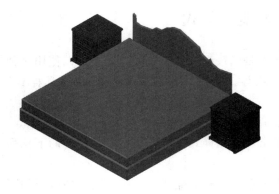

图 10.10　真实样式

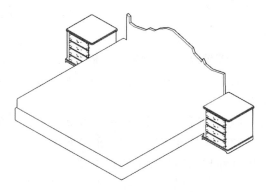

图 10.11　隐藏样式

（2）着色样式。着色样式可使实体产生平滑的着色模型，如图 10.12 所示。

（3）带边缘着色样式。带边缘着色样式可以使用平滑着色和可见边显示对象，如图 10.13 所示。

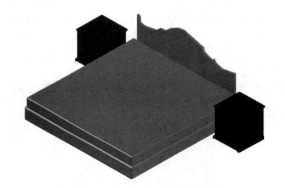

图 10.12　着色样式

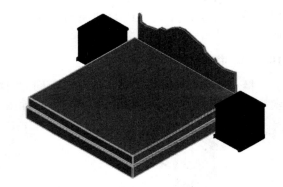

图 10.13　带边缘着色样式

（4）灰度样式。灰度样式使用平滑着色和灰度显示对象，如图 10.14 所示。

（5）勾画样式。勾画样式使用线延伸和抖动边修改器显示手绘效果的对象，如图 10.15 所示。

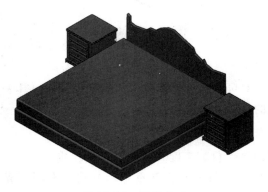

图 10.14　灰度样式

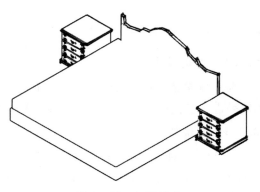

图 10.15　勾画样式

（6）线框样式。线框样式通过使用直线和曲线表示边界的方式显示对象，如图 10.16 所示。

（7）X 射线样式。X 射线样式可更改面的不透明度使整个场景变成部分透明，如图 10.17 所示。

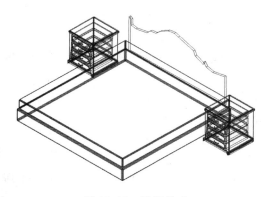

图 10.16　线框样式

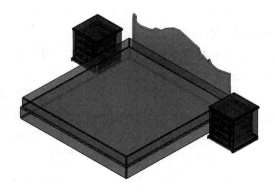

图 10.17　X 射线样式

视觉样式只是在视觉上产生了变化，实际上模型并没有改变。

10.3　绘制三维实体

基本的三维实体主要包括长方体、圆柱体、楔体、球体、圆环体、棱锥体和多段体等。下面介绍这些实体的绘制方法。

10.3.1　长方体的绘制

长方体是最基本的实体对象，可以通过以下方法执行"长方体"命令：

（1）执行"绘图"→"建模"→"长方体"命令。

（2）在"常用"选项卡的"建模"面板中单击"长方体"按钮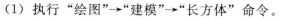。

（3）在"实体"选项卡的"图元"面板中单击"长方体"按钮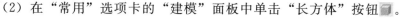。

（4）在命令行中输入 BOX，然后按回车键。

资源 10.1
长方体的绘制

执行"长方体"命令后，根据命令行中的提示创建长方体，如图 10.18 和图 10.19 所示。命令行提示内容如下：

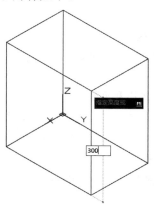

图 10.18　指定长方体高度

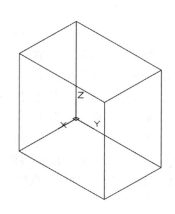

图 10.19　长方体

命令：BOX↙

指定第一个角点或 ［中心（C）］：0，0，0↙　　　　　　　　　指定一点

指定其他角点或 ［立方体（C）/长度（L）］：@200，300，0↙　　输入@200，300，0

指定高度或 ［两点（2P）］＜300.0000＞：300↙　　　　　　　输入 300

10.3.2　圆柱体的绘制

柱体是以圆或椭圆为截面形状，沿该截面法线方向拉伸所形成的实体对象。可以通过以下方法执行"圆柱体"命令：

（1）执行"绘图"→"建模"→"圆柱体"命令。

（2）在"常用"选项卡的"建模"面板中单击"圆柱体"按钮 。

（3）在"实体"选项卡的"图元"面板中单击"圆柱体"按钮 。

（4）在命令行中输入 CYLINDER（快捷命令 CYL），然后按回车键。

执行"圆柱体"命令后，根据命令行中的提示创建圆柱体，如图 10.20 和图 10.21 所示。命令行提示内容如下：

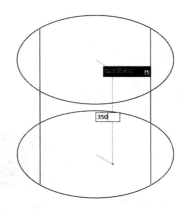

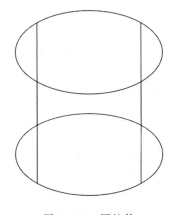

图 10.20　指定圆柱体高度　　　　　图 10.21　圆柱体

资源 10.2
圆柱体的绘制

命令：CYLINDER↙

指定底面的中心点或 ［三点（3P）/两点（2P）/切点、切点、半径（T）/椭圆（E）］：

指定一点

指定底面半径或 ［直径（D）］＜200.0000＞：200↙　　　　　输入 200

指定高度或 ［两点（2P）/轴端点（A）］＜350.0000＞：350↙　　输入 350

命令行中各选项的含义介绍如下：

（1）三点：通过指定三个点来定义圆柱体的底面周长和底面。

（2）两点：通过指定两个点来定义圆柱体的底面直径。

（3）切点、切点、半径：定义具有指定半径且与两个对象相切的圆柱体底面。

（4）椭圆：定义圆柱体底面形状为椭圆，并生成椭圆柱体。

（5）轴端点：指定圆柱体轴的端点位置。轴端点是圆柱体的顶面中心点。

10.3.3　楔体的绘制

楔体可以看作是以矩形为底面，其一边沿法线方向拉伸所形成的具有楔状特征的实体对

象，也就是 1/2 长方体。其表面总是平行于当前的 UCS，其斜面沿 Z 轴倾斜。可以通过以下方法执行"楔体"命令：

（1）执行"绘图"→"建模"→"楔体"命令。

（2）在"常用"选项卡的"建模"面板中单击"楔体"按钮 。

（3）在命令行中输入 WEDGE（快捷命令 WE），然后按回车键。

执行"楔体"命令后，根据命令行中的提示创建楔体，如图 10.22 和图 10.23 所示。命令行提示内容如下：

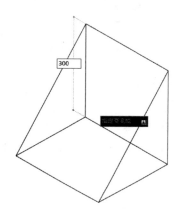

图 10.22　指定楔体高度

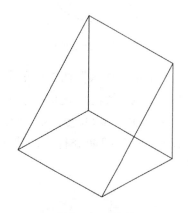

图 10.23　楔体

资源 10.3
楔体的绘制

命令：_WEDGE↙

指定第一个角点或 ［中心 （C）］：　　　　　　　　　　　指定一点

指定其他角点或 ［立方体 （C）/长度 （L）］：@250，300，0↙　　输入点坐标值

指定高度或 ［两点 （2P）］ ＜300.0000＞：300↙　　　　　输入高度值

10.3.4　球体的绘制

球体是到球心这一点的距离相等的所有点的集合所形成的实体对象，可以通过以下方法执行"球体"命令：

（1）执行"绘图"→"建模"→"球体"命令。

（2）在"常用"选项卡的"建模"面板中单击"球体"按钮 。

（3）在命令行中输入命令 SPHERE，然后按回车键。

执行"球体"命令后，根据命令行中的提示创建球体，如图 10.24 和图 10.25 所示。命令行提示内容如下：

命令：SPHERE↙

指定中心点或 ［三点 （3P）/两点 （2P）/切点、切点、半径 （T）］：　　指定一点

指定半径或 ［直径 （D）］：200↙　　　　　　　　　　　　输入半径值

10.3.5　圆环体的绘制

圆环体可以看作是绕圆轮廓线与其共面的直线旋转所形成的实体对象。可以通过以下方法执行"圆环体"命令：

（1）执行"绘图"→"建模"→"圆环体"命令。

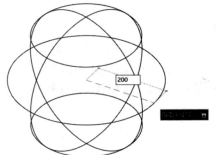

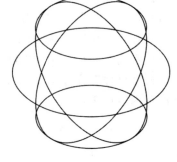

资源 10.4
球体的绘制

图 10.24　指定球体半径

图 10.25　球体

（2）在"常用"选项卡的"建模"面板中单击"圆环体"按钮◎。

（3）在"视图"选项卡的"图元"面板中单击"圆环体"按钮◎。

（4）在命令行中输入 TORUS（快捷命令 TOR），然后按回车键。

执行"圆环体"命令后，根据命令行中的提示创建圆环体，如图 10.26 和图 10.27 所示。命令行提示内容如下：

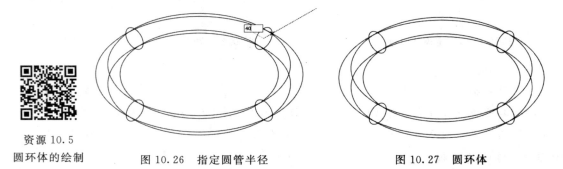

资源 10.5
圆环体的绘制

图 10.26　指定圆管半径

图 10.27　圆环体

命令：_TORUS↙

指定中心点或［三点（3P）/两点（2P）/切点、切点、半径（T）］：　　指定一点

指定半径或［直径（D）］<200.0000>：300　　　　　　　　　　　输入半径值

指定圆管半径或［两点（2P）/直径（D）］：40　　　　　　　　　　输入圆管半径

10.3.6　棱锥体的绘制

棱锥体可以看作是以一个多边形面为底面，其余各面有一个公共顶点的具有三角形特征的面所构成的实体对象。可以通过以下方法执行"棱锥体"命令：

（1）执行"绘图"→"建模"→"棱锥体"命令。

（2）在"常用"选项卡的"建模"面板中单击"棱锥体"按钮▲。

（3）在"实体"选项卡的"图元"面板中单击"棱锥体"按钮▲。

（4）在命令行中输入 PYRAMID（快捷命令 PYR），然后按回车键。

执行"棱锥体"命令后，根据命令行中的提示创建棱锥体，如图 10.28 和图 10.29 所示。命令行提示内容如下：

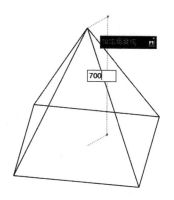

图 10.28 指定棱锥体高度

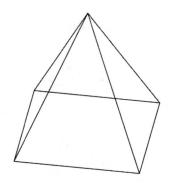

图 10.29 棱锥体

资源 10.6

棱锥体的绘制

命令：_PYRAMID↙

4 个侧面　外切

指定底面的中心点或［边（E）/侧面（S）］：　　　　　　　　　　指定一点

指定底面半径或［内接（I）］<300.0000>：300↙　　　　　　　输入半径值

指定高度或［两点（2P）/轴端点（A）/顶面半径（T）］<300.0000>：700↙

　　　　　　　　　　　　　　　　　　　　　　　　　　　　　　　输入高度值

10.3.7　多段体的绘制

在默认情况下，多段体始终带有一个矩形轮廓，可以指定轮廓高度和宽度。可以通过以下方法执行"多段体"命令：

（1）执行"绘图"→"建模"→"多段体"命令。

（2）在"常用"选项卡的"建模"面板中单击"多段体"按钮 。

（3）在"实体"选项卡的"图元"面板中单击"多段体"按钮 。

（4）在命令行中输入 POLYSOLID，然后按回车键。

执行"多段体"命令后，根据命令行中的提示创建多段体，如图 10.30 和图 10.31 所示。命令行提示内容如下：

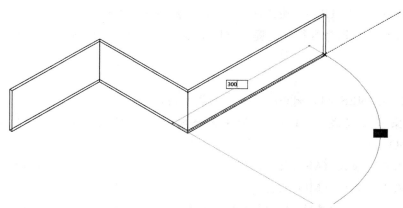

资源 10.7

多段体的绘制

图 10.30 指定一点

171

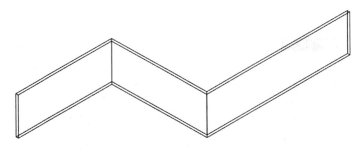

图 10.31 多段体

命令：_POLYSOLID↙

高度＝80.0000，宽度＝5.0000，对正＝居中

指定起点或 [对象（O）/高度（H）/宽度（W）/对正（J）] ＜对象＞： 指定一点

指定下一个点或 [圆弧（A）/放弃（U）]：200↙ 输入 200

指定下一个点或 [圆弧（A）/放弃（U）]：200↙ 输入 200

指定下一个点或 [圆弧（A）/闭合（C）/放弃（U）]：300↙ 输入 300

10.4 二维图形生成三维实体

在 AutoCAD 2020 中，除了使用三维绘图命令绘制实体模型外，还可以对绘制的二维图形进行拉伸、旋转、放样和扫掠等编辑，将其转换为三维实体模型。

10.4.1 拉伸实体

使用"拉伸"命令，可以绘制各种柱体、台形体和沿指定路径拉伸形成的拉伸实体。可以通过以下方法执行"拉伸"命令：

（1）执行"绘图"→"建模"→"拉伸"命令。

（2）在"常用"选项卡的"建模"面板中单击"拉伸"按钮▉。

（3）在"实体"选项卡的"实体"面板中单击"拉伸"按钮▉。

（4）在命令行中输入 EXTRUDE（快捷命令 EXT），然后按回车键。

执行"拉伸"命令后，根据命令行中的提示拉伸实体，如图 10.32 和图 10.33 所示。命令行提示内容如下：

命令：_EXTRUDE↙

当前线框密度：ISOLINES＝4，闭合轮廓创建模式＝实体

选择要拉伸的对象或 [模式（MO）]：_MO 闭合轮廓创建模式 [实体（SO）/曲面（SU）] ＜实体＞：_SO

选择要拉伸的对象或 [模式（MO）]：找到 1 个 选择对象

选择要拉伸的对象或 [模式（MO）]：↙ 按回车键

指定拉伸的高度或 [方向（D）/路径（P）/倾斜角（T）/表达式（E）] ＜.350.0000＞：350↙

输入高度值

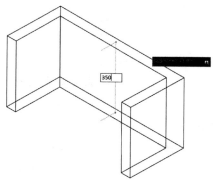

图 10.32　输入拉伸高度

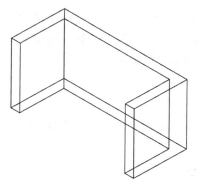

图 10.33　拉伸实体

资源 10.8
拉伸实体

其中，命令行中选项的含义如下：

（1）拉伸高度：表示沿正或负 Z 轴拉伸选定对象的高度。

（2）方向：表示用两个指定点指定拉伸的长度和方向。

（3）路径：表示基于选定对象的拉伸路径。

（4）倾斜角：表示拉伸的倾斜角。

10.4.2　旋转实体

使用"旋转"命令，可将二维闭合的图形以中心轴为旋转中心进行旋转，从而形成三维实体模型。可以通过以下方法执行"旋转"命令：

（1）执行"绘图"→"建模"→"旋转"命令。

（2）在"常用"选项卡的"建模"面板中单击"旋转"按钮 。

（3）在"实体"选项卡的"实体"面板中单击"旋转"按钮 。

（4）在命令行中输入 REVOLVE（快捷命令 REV），然后按回车键。

执行"旋转"命令后，根据命令行中的提示旋转实体，如图 10.34 和图 10.35 所示。命令行提示内容如下：

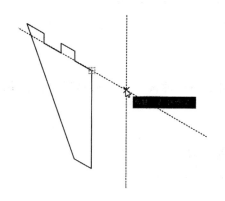

图 10.34　指定轴端点

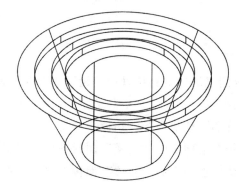

图 10.35　旋转实体

资源 10.9
旋转实体

命令：_REVOLVE↙

当前线框密度：ISOLINES＝4，闭合轮廓创建模式＝实体

选择要旋转的对象或［模式（MO）］：找到 1 个　　　　　　　　选择对象

选择要旋转的对象或［模式（MO）］：↙　　　　　　　　　　按回车键

指定轴起点或根据以下选项之一定义轴［对象（O）/X/Y/Z］＜对象＞：

　　　　　　　　　　　　　　　　　　　　　　　　单击直线上端点

指定轴端点：　　　　　　　　　　　　　　　　　　单击直线下端点

指定旋转角度或［起点角度（ST）/反转（R）/表达式（EX）］＜360＞：360↙

　　　　　　　　　　　　　　　　　　按回车键，指定旋转角度为 360°

10.4.3　放样实体

"放样"命令用于在横截面之间的空间内绘制实体或曲面。使用放样命令时，至少必须指定两个横截面。可以通过以下方法执行"放样"命令：

（1）执行"绘图"→"建模"→"放样"命令。

（2）在"常用"选项卡的"建模"面板中单击"放样"按钮。

（3）在命令行中输入 LOFT，然后按回车键。

执行"放样"命令后，根据命令行的提示，可按放样次序选择横截面，然后选择"仅横截面"选项，即可完成放样实体，如图 10.36 和图 10.37 所示。

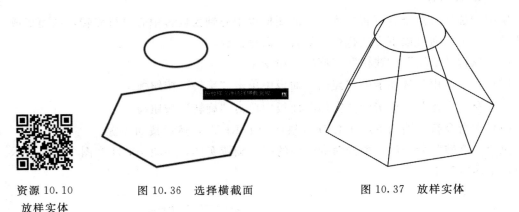

资源 10.10　　　　　　图 10.36　选择横截面　　　　　　图 10.37　放样实体
放样实体

10.4.4　扫掠实体

"扫掠"命令用于沿指定路径以指定轮廓的形状绘制实体或曲面。可以通过以下方法执行"扫掠"命令：

（1）执行"绘图"→"建模"→"扫掠"命令。

（2）在"常用"选项卡的"建模"面板中单击"扫掠"按钮。

（3）在"实体"选项卡的"实体"面板中单击"扫掠"按钮。

（4）在命令行中输入 SWEEP，然后按回车键。

执行"扫掠"命令后，根据命令行的提示信息，选择要扫掠的对象和扫掠路径，按回车键即可创建扫掠实体，如图 10.38 和图 10.39 所示。

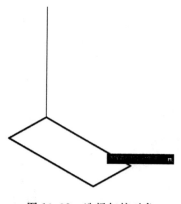

图 10.38　选择扫掠对象

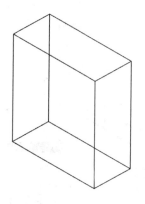

图 10.39　扫掠实体

资源 10.11
扫掠实体

10.4.5　平面曲线

平面曲面可通过指定矩形表面的对角点来创建，即在指定曲面的对角点后，将创建一个平行于工作平面的曲面。也可以通过选择构成封闭区域的一个闭合对象或多个对象来创建，有效对象包括直线、圆、圆弧、椭圆、椭圆弧、二维多段线、平面三维多段线和平面样条曲线。

在 AutoCAD 2020 中，可以通过以下方法执行平面曲面命令：

（1）执行"绘图"→"建模"→"曲面"→"平面"命令。

（2）在"曲面"选项卡的"创建"面板中单击"平面"按钮▨。

（3）在命令行中输入 PLANESURF，然后按回车键。

执行"平面"命令后，根据命令行的提示指定两个角点，即可确定平面，如同 10.40 和图 10.41 所示。

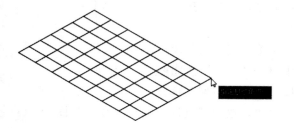

图 10.40　指定角点

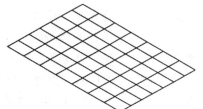

图 10.41　创建平面

资源 10.12
平面曲线

10.4.6　按住并拖动

"按住并拖动"命令通过选中有限区域，然后按住该区域并通过输入拉伸值的方式或拖动边界区域的方式将选择的边界区域进行拉伸。可以通过以下方法执行"按住并拖动"命令：

（1）在"常用"选项卡的"建模"面板中单击"按住并拖动"按钮▨。

（2）在"实体"选项卡的"实体"面板中单击"按住并拖动"按钮▨。

（3）在命令行中输入 PRESSPULL，然后按回车键。

执行"按住并拖动"命令后，根据命令行的提示，选择对象或边界区域，然后指定拉伸高度，按回车键即可完成，如图 10.42 和图 10.43 所示。

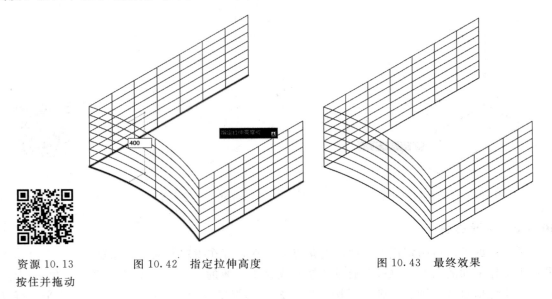

资源 10.13
按住并拖动

图 10.42 指定拉伸高度

图 10.43 最终效果

10.5 布 尔 运 算

布尔运算在三维建模中是一项较为重要的功能。它可以将两个或两个以上的图形通过加减方式结合生成新实体。

10.5.1 并集运算

"并集"命令就是将两个或多个实体对象合并成一个新的复合实体，新实体由各个组成对象的所有部分组成，没有相重合的部分。可以通过以下方法执行"并集"命令：

（1）执行"修改"→"实体编辑"→"并集"命令。

（2）在"常用"选项卡的"实体编辑"面板中单击"并集"按钮 。

（3）在"实体"选项卡的"布尔值"面板中单击"并集"按钮 。

（4）在命令行中输入 UNION（快捷命令 UN），然后按回车键。

执行"并集"命令后，选中所有需要合并的实体，按回车键即可完成操作，如图 10.44 和图 10.45 所示。

10.5.2 差集运算

"差集"命令是从一个或多个实体中减去其中之一或若干部分，得到一个新的实体。可以通过以下方法执行"差集"命令：

（1）执行"修改"→"实体编辑"→"差集"命令。

（2）在"常用"选项卡的"实体编辑"面板中单击"差集"按钮 。

（3）在"实体"选项卡的"布尔值"面板中单击"差集"按钮 。

（4）在命令行中输入 SUBTRACT（快捷命令 SU），然后按回车键。

执行"差集"命令后，选择对象，然后选择要从中减去的实体、曲面和面域，按回车键即可得到差集效果，如同 10.46 和图 10.47 所示。

图 10.44　并集前

图 10.45　并集后

资源 10.14
并集运算

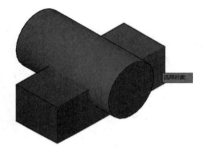

图 10.46　选择要减去的实体

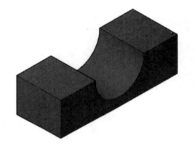

图 10.47　差集效果

资源 10.15
差集运算

10.5.3　交集运算

"交集"命令可以从两个以上重叠实体的公共部分创建复合实体。可以通过以下方法执行"交集"命令：

(1) 执行"修改"→"实体编辑"→"交集"命令。

(2) 在"常用"选项卡的"实体编辑"面板中单击"交集"按钮 。

(3) 在"实体"选项卡的"布尔值"面板中单击"交集"按钮 。

(4) 在命令行中输入 INTERSECT（快捷命令 IN），然后按回车键。

执行"交集"命令后，根据命令行的提示，选中所有实体，按回车键即可完成交集操作，如图 10.48 和图 10.49 所示。

图 10.48　交集前

图 10.49　交集后

资源 10.16
交集运算

10.6　控 制 实 体 显 示

在 AutoCAD 2020 中，控制三维模型显示的系统变量有 ISOLINES、DISPSILH 和 FACETRES，这三个系统变量影响着三维模型显示的效果。在绘制三维实体前首先应设置好这三个变量参数。

10.6.1　ISOLINES

使用 ISOLINES 系统变量可以控制对象上每个曲面的轮廓线数目，数目越多，模型精度越高，但渲染时间也越长，有效取值范围为 0～2047，默认值为 4 如图 10.50 和图 10.51 所示，分别为 ISOLINES 值为 4 和 10 时的球体效果。

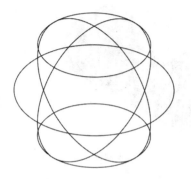 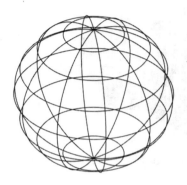

图 10.50　ISOLINES 值为 4 时　　　　图 10.51　ISOLINES 值为 10 时

10.6.2　DISPSILH

使用 DISPSILH 系统变量可以控制实体轮廓边的显示，其取值为 0 或 1。当取值为 0 时，不显示轮廓边；当取值为 1 时，则显示轮廓边，如图 10.52 和图 10.53 所示。

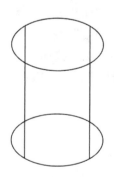 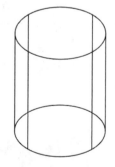

图 10.52　DISPSILH 值为 0 时　　　　图 10.53　DISPSILH 值为 1 时

10.6.3　FACETRES

使用 FACETRES 系统变量可以控制三维实体在消隐、渲染时表面的棱面生成密度，其值越大，生成的图像越光滑。有效的取值范围为 0.01～10，默认值为 0.5。图 10.54 和图 10.55 分别为 FACETRES 值为 0.1 和 6 时的模型显示效果。

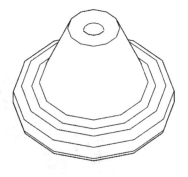

图 10.54 FACETRES 值为 0.1

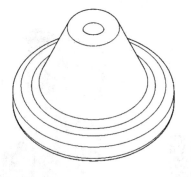

图 10.55 FACETRES 值为 6

练 习 题

一、填空题

1. AutoCAD 中，三维坐标分为（ ）和用户坐标系两种。

2. （ ）可以看作是以矩形为底面，其一边沿法线方向拉伸所形成的具有楔状特征的实体，也就是 1/2 长方体。

3. （ ）命令可以从两个以上重叠实体的公共部分创建复合实体。

二、选择题

1. 在 AutoCAD 2020 中，使用（ ）命令可创建用户坐标系。

A. U
B. UCS
C. S
D. W

2. 使用（ ）命令，可将二维闭合的图形以中心轴为旋转中心进行旋转，从而形成三维实体模型。

A. 拉伸
B. 放样
C. 扫掠
D. 旋转

3. 从两个或多个实体或面域的交集创建复合实体或面域，并删除交集以外的部分应该选用（ ）命令。

A. 干涉
B. 交集
C. 差集
D. 并集

4. （ ）命令可以将两个或多个实体对象合并成一个新的复合实体，新实体由各个组成对象的所有部分组成，没有相重合的部分。

A. 差集
B. 交集
C. 并集
D. 剖切

三、上机操作题

1. 使用"长方体""楔体""圆柱"命令绘制机械模型，然后使用"并集"和"差集"命令对其进行编辑，创建如图 10.56 所示的机械模型。

2. 使用"矩形"和"圆"命令绘制零件平面图，然后使用"拉伸""差集"命令创建如

图 10.57 所示的零件模型。

资源 10.17
练习题答案

图 10.56 机械模型

图 10.57 零件模型

第11章 三 维 模 型

11.1 编 辑 三 维 模 型

创建的三维对象有时满足不了对象的要求，这就需要对三维对象进行编辑操作，例如对三维图形进行移动、旋转、对齐、镜像、阵列等操作。

11.1.1 移动三维对象

三维移动可将实体对象在三维空间中移动，在移动时，指定一个基点，然后指定一个目标空间点即可。可以通过以下方法执行"三维移动"命令：

（1）在"常用"选项卡的"修改"面板单击"三维移动"按钮。

（2）执行"格式"→"图形界限"命令。

（3）在命令行中输入 LIMITS，然后按回车键。

执行"三维移动"命令后，根据命令行的提示，指定基点，然后指定第二点即可移动实体，如图 11.1 和图 11.2 所示。

图 11.1　指定基点　　　　　图 11.2　三维移动效果

11.1.2 旋转三维对象

三维旋转可以将选择的对象按照指定的角度绕三维空间定义的任何轴（X 轴、Y 轴、Z 轴）进行旋转。可以通过以下方法执行"三维旋转"命令：

（1）执行"修改"→"三维操作"→"三维旋转"命令。

（2）在"常用"选项卡的"修改"面板单击"三维旋转"按钮。

（3）在命令行中输入 3DROTATE，然后按回车键。

执行"三维旋转"命令后，根据命令行的提示，指定基点，拾取旋转轴，然后指定角的起点或输入角度值，输入－60 按回车键即可完成旋转操作，如图 11.3 和图 11.4 所示。

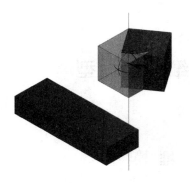

图 11.3　拾取转动轴　　　　　　　　图 11.4　三维旋转效果

11.1.3　对齐三维对象

三维对齐可将源对象与目标对象对齐。可以通过以下方法执行"三维旋转"命令：

（1）执行"修改"→"三维操作"→"三维对齐"命令。

（2）在"常用"选项可的"修改"面板单击"三维对齐"按钮。

（3）在命令行输入 3DALIGN，然后按回车键。

执行"三维对齐"命令后，选中棱锥体，依次指定点 A、点 B、点 C，然后再依次指定目标点 1、2、3，即可按要求将两个实体对象对齐，如图 11.5 和图 11.6 所示。

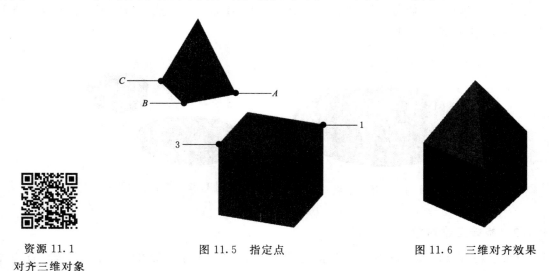

资源 11.1　　　　　　　　　图 11.5　指定点　　　　　　　　图 11.6　三维对齐效果
对齐三维对象

11.1.4　镜像三维对象

三维镜像可以用于绘制以镜像平面为对称面的三维对象。可以通过以下方法执行"三维镜像"命令：

（1）执行"修改"→"三维操作"→"三维镜像"命令。

（2）在"常用"选项卡的"修改"面板中单击"三维镜像"按钮。

（3）在命令行中输入 MIRROR3D，然后按回车键。

执行"三维镜像"命令后，根据命令行的提示，选取镜像对象按回车键，然后在实体上指定三个点，将实体镜像，如图 11.7 和图 11.8 所示。命令行的提示内容如下：

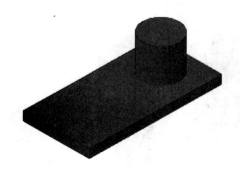

图 11.7　三维镜像

图 11.8　三维镜像效果

资源 11.2
镜像三维对象

命令：_mirror3d↙

选择对象：找到 1 个　　　　　　　　　　　　　　（选择台盆模型）

选择对象：↙　　　　　　　　　　　　　　　　　（按回车键）

指定镜像平面（三点）的第一个点或［对象（O）/最近的（L）/Z 轴（Z）/视图（V）/XY 平面（XY）/YZ 平面（YZ）/ZX 平面（ZX）/三点（3）］＜三点＞：

　　　　　　　　　　　　　　　　　　　　　　　（指定顶部左边线中点）

在镜像平面上指定第二点：　　　　　　　　　　　（指定右边线中点）

在镜像平面上指定第三点：　　　　　　　　　　　（指定底部右边线中点）

是否删除源对象？［是（Y）/否（N）］：↙　　　（按回车键）

其中，命令行各选项含义如下：

（1）对象：通过选择圆、圆弧或二维多段线等二维对象，将选择对象所在的平面作为镜像平面。

（2）最近的：使用上一次镜像操作中使用的镜像平面作为本次镜像操作的镜像平面。

（3）Z 轴：依次选择两点，并将两点连线作为镜像平面的法线，同时镜像平面通过选择的第一点。

（4）视图：通过指定一点并将通过该点且与前视图平面平行的平面作为镜像平面。

（5）XY 平面（XY）/YZ 平面（YZ）/ZX 平面（ZX）：分别表示用与当前 UCS 的 ZY、YZ、ZX 平面平行的平面作为镜像面。

11.1.5　阵列三维模型

三维阵列模型可以在三维空间绘制对象的矩形阵列或环形阵列。可以通过以下方法执行"三维阵列"命令：

（1）执行"修改"→"三维操作"→"三维阵列"命令。

（2）在命令行输入 3A3DFACE，然后按回车键。

11.1.5.1　矩形阵列

三维矩形阵列是在行（X 轴）、列（Y 轴）和层（Z 轴）矩形阵列中复制对象。执行"三维阵列"命令后，根据命令的提示，选择与要阵列的实体对象，按回车键选择"矩形阵

资源 11.3
阵列三维模型

列"类型，然后根据命令行提示，依次指定阵列的行数、列数、层数、行间距、列间距及层间距，效果如图 11.9 和图 11.10 所示。

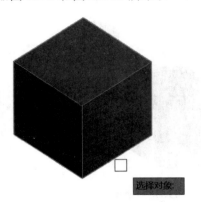

图 11.9 选择要阵列的实体对象

图 11.10 矩形阵列效果

命令行的提示内容如下：

命令：3darray↙

选择对象：指定对角点：找到 1 个   选择要阵列的实体对象

选择对象：↙   按回车键

输入阵列类型［矩形（R）/环形（P）]<矩形>：   选择阵列类型

输入行数<1>：3↙   输入阵列的行数

输入列数<1>：2↙   输入阵列的列数

输入层数<1>：3↙   输入阵列的层数

指定行间距：500↙   输入行间距值

指定列间距：500↙   输入列间距值

指定层间距：500↙   输入层间距值

11.1.5.2 环形阵列

三维环形阵列是围绕旋转轴按逆时针或顺时针方向来阵列复制选择对象。执行"三维阵列"命令，选择要阵列的对象，按回车键选择"环形阵列"类型，然后根据命令行提示，指定阵列的项目个数和填充角度，确认是否要进行自身旋转后，指定阵列的中心点及旋转轴上的第二点，即可完成环形阵列操作，效果如图 11.11 和图 11.12 所示。命令行的提示内容如下：

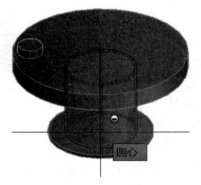

图 11.11 指定旋转轴

图 11.12 环形阵列效果

命令：_3darray↙

选择对象：指定对角点：找到 2 个   选择要阵列的对象

选择对象：↙   按回车键

输入阵列类型［矩形（R）/环形（P）］＜矩形＞：P   选择环形阵列

输入阵列中的项目数目：10↙   输入阵列项目数目

指定要填充的角度（＋＝逆时针，－＝顺时针）＜360＞： 选择默认角度值

旋转阵列对象？［是（Y）/否（N）］＜Y＞：Y↙   选择"是"选项

指定阵列的中心点：   指定圆心

指定旋转轴上的第二点：   指定圆心

11.1.6 编辑三维实体边

用户可以复制三维实体对象的各个边或改变其颜色。所有三维实体的边都可复制为直线、圆弧、圆、椭圆或样条曲线对象。

11.1.6.1 着色边

若要更改实体边颜色，可以从"选择颜色"对话框中选取颜色。设置边的颜色将替代实体对象所在图层的颜色设置。可以通过以下方法执行"着色边"命令：

（1）执行"修改"→"实体编辑"→"着色边"命令。

（2）在"常用"选项卡的"实体编辑"面板中单击"着色边"按钮。

（3）在命令行中输入 SOLIDEDIT 并按回车键，然后依次选择"边""着色"选项。

执行"着色边"命令后，根据命令行的提示，选取需要着色的边按回车键，然后在打开的"选择颜色"对话框中选取所需颜色，单击"确定"按钮即可，如图 11.13 和图 11.14 所示。

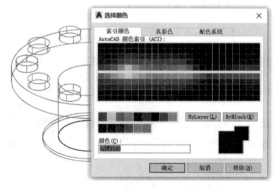

图 11.13 选择颜色

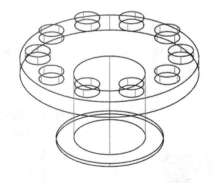

图 11.14 实体边着色效果

11.1.6.2 复制边

"复制边"命令可将现有的实体模型上单个或多个边偏移至其他位置，从而利用这些边创建出新的图形对象。可以通过以下方法执行"复制边"命令：

（1）执行"修改"→"实体编辑"→"复制边"命令。

（2）在"常用"选项卡的"实体编辑"面板中单击"复制边"按钮。

（3）在命令行中输入 SOLIDEDIT 并按回车键，然后依次选择"边""复制"选项。

执行上述命令后，根据命令行的提示，选取边后按回车键，然后指定基点与第二点，即可将复制的边放置在指定的位置，如图 11.15 和图 11.16 所示。

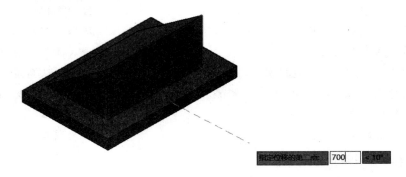

图 11.15　输入移动距离值

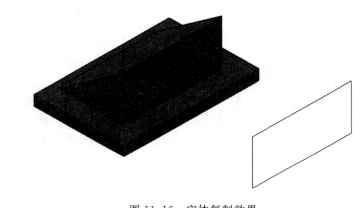

资源 11.4
编辑三维实体边
（复制边）

图 11.16　实体复制效果

11.1.7　编辑三维实体面

在对三维实体对象进行编辑时，能够通过表面拉伸、移动、旋转等命令改变实体模型的尺寸和形状等。

11.1.7.1　拉伸面

使用"拉伸面"命令，可以将选定的三维实体对象表面拉伸到指定高度，或使该表面沿一条路径进行拉伸。此外，还可以将实体对象面按一定的角度进行拉伸。可通过以下方法执行"拉伸面"命令：

资源 11.5
编辑三维实体面

（1）执行"修改"→"实体编辑"→"拉伸面"命令。
（2）在"常用"选项卡的"实体编辑"面板中单击"拉伸面"按钮。
（3）在"实体"选项卡的"实体编辑"面板中单击"拉伸面"按钮。
（4）在命令行中输入 SOLIDEDIT 并按回车键，然后依次选择"面""拉伸"选项。

执行"拉伸面"命令后，根据命令行的提示，选择要拉伸的实体面并按回车键，然后指定拉伸高度为 100，倾斜角度为 40°，即可对实体面进行拉伸，如图 11.17 和图 11.18 所示。

图 11.17 输入倾斜角　　　　　　　　　　图 11.18 拉伸面

11.1.7.2 移动面

使用"移动面"命令，可以沿着指定的高度或距离移动三维实体的选定面，可一次移动一个或多个面。该操作只是对面的位置进行调整，并不能更改面的方向。可以通过以下方法执行"移动面"命令。

（1）执行"修改"→"实体编辑"→"移动面"命令。

（2）在"常用"选项卡的"实体编辑"面板中单击"移动面"按钮。

（3）在命令行中输入 SOLIDEDIT 并按回车键，然后依次选择"面""移动"选项。

执行"拉伸面"命令后，根据命令行的提示，选择要移动的实体面并按回车键，然后指定基点和位移的第二点，即可对实体面进行移动，如图 11.19 和图 11.20 所示。

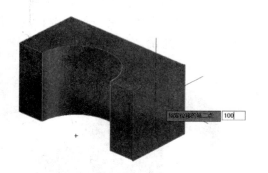

图 11.19 输入移动距离值

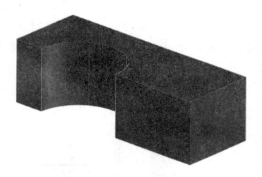

图 11.20 移动面

11.1.7.3 旋转面

使用"旋转面"命令，可以从当前位置起使对象绕选定的轴旋转指定的角度。可以通过以下方法执行"旋转面"命令：

（1）执行"修改"→"实体编辑"→"旋转面"命令。

（2）在"常用"选项卡的"实体编辑"面板中单击"旋转面"按钮。

（3）在命令行中输入 SOLIDEDIT 并按回车键，然后依次选择"面""旋转"选项。

执行"旋转面"命令后，根据命令行的提示，选择要旋转的实体面并按回车键，然后依次指定旋转轴上的两个脚点并输入旋转角度，即可对实体面进行旋转，如图 11.21 和图 11.22 所示。

注意：在进行实体面旋转时，若不小心多选了所需编辑的面，此时可在命令行中输入 R 命令并按回车键将其删除。

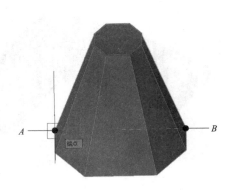

图 11.21 依次指定旋转轴上两个端点 A 和 B

图 11.22 旋转 30°

11.1.7.4 偏移面

使用"偏移面"命令，可以按指定的距离或通过指定点均匀地偏移面。正值意味着增大实体尺寸或体积，负值意味着减小实体尺寸或体积。可以通过以下方法执行"偏移面"命令：

（1）执行"修改"→"实体编辑"→"偏移面"命令。

（2）在"常用"选项卡的"实体编辑"面板中单击"偏移面"按钮。

（3）在"实体"选项卡的"实体编辑"面板中单击"偏移面"按钮。

（4）在命令行中输入 SOLIDEDIT 并按回车键，然后依次选择"面""偏移"选项。

执行"偏移面"命令后，根据命令行的提示，选择要偏移的实体面并按回车键，然后指定偏移距离，即可对实体面进行偏移，如图 11.23 和图 11.24 所示。

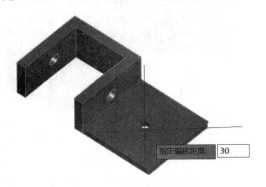

图 11.23 指定偏移距离

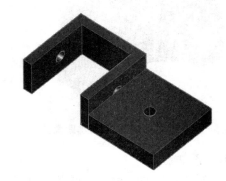

图 11.24 偏移面

11.1.7.5 倾斜面

使用"倾斜面"命令，可以按指定的角度倾斜三维实体对象上的面。倾斜角的旋转方向由选择基点和第二点的顺序决定。可以通过以下方法执行"倾斜面"命令：

（1）执行"修改"→"实体编辑"→"倾斜面"命令。

（2）在"常用"选项卡的"实体编辑"面板中单击"倾斜面"按钮。

（3）在"实体"选项卡的"实体编辑"面板中单击"倾斜面"按钮。

（4）在命令行中输入 SOLIDEDIT 并按回车键，然后依次选择"面""倾斜"选项。

执行"倾斜面"命令后，根据命令行的提示，选择要倾斜的实体面并按回车键，然后依次指定倾斜轴上的两个点并输入倾斜角度，即可对实体面进行倾斜，如图 11.25 和图 11.26 所示。

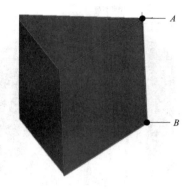

图 11.25 依次指定倾斜轴上的两点 A 和 B

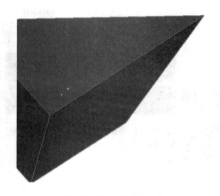

图 11.26 倾斜 30°

11.1.7.6 复制面

使用"复制面"命令，可以将实体中指定的三维面复制出来成为面域或体。可以通过以下方法执行"复制面"命令：

（1）执行"修改"→"实体编辑"→"复制面"命令。

（2）在"常用"选项卡的"实体编辑"面板中单击"复制面"按钮。

（3）在命令行中输入 SOLIDEDIT 并按回车键，然后依次选择"面""复制"选项。

执行"复制面"命令后，根据命令行的提示，选择要复制的实体面并按回车键，然后依次指定基点和位移的第二点，即可对实体面进行复制，如图 11.27 和图 11.28 所示。

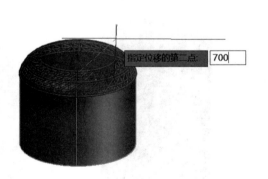

图 11.27 输入移动距离值

图 11.28 复制

11.1.7.7 着色面

在创建和编辑实体模型过程中，为了更方便地观察实体或选取实体各部分，可以使用"着色面"命令修改单个或多个实体面的颜色，以取代该实体面所在图层的颜色。可以通过以下方法执行"着色面"命令：

（1）执行"修改"→"实体编辑"→"着色面"命令。

（2）在"常用"选项卡的"实体编辑"面板中单击"着色面"按钮。

（3）在命令行中输入 SOLIDEDIT 并按回车键，然后依次选择"面""颜色"选项。

执行"着色面"命令后，根据命令行的提示，选择要着色的实体面并按回车键，在打开的"选择颜色"对话框中选择需要的颜色，单击"确定"按钮，即可对实体面进行着色，如图 11.29 和图 11.30 所示。

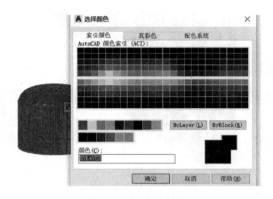

图 11.29 选择颜色

图 11.30 着色面

11.1.7.8 删除面

使用"删除面"命令，可以删除三维实体上的面，包括圆角或倒角。可以使用以下方法执行"删除面"命令：

（1）执行"修改"→"实体编辑"→"删除面"命令。

（2）在"常用"选项卡的"实体编辑"面板中单击"删除面"按钮。

（3）在命令行中输入 SOLIDEDIT 并按回车键，然后依次选择"面""删除"选项。

执行"删除面"命令后，根据命令行的提示，选择要删除的实体面，然后按回车键，即可将所选的面删除，如图 11.31 和图 11.32 所示。

图 11.31 选择面

图 11.32 删除面

11.2 更改三维模型形状

在绘制三维模型时，不仅可以对整个三维实体对象进行编辑，还可以单独对三维实体对象进行剖切、抽壳、倒圆角、倒直角等操作。

11.2.1　剖切三维对象

"剖切"命令通过剖切现有实体来创建新实体，可以通过多种方式定义剪切平面，包括指定点或者选择曲面或平面对象。可以通过以下方法执行"剖切"命令：

（1）执行"修改"→"三维操作"→"剖切"命令。

（2）在"常用"选项卡的"实体编辑"面板中单击"剖切"按钮。

（3）在"实体"选项卡的"实体编辑"面板中单击"剖切"按钮。

（4）在命令行中输入 SLICE，然后按回车键。

执行"剖切"命令后，根据命令行的提示选择对象，然后在实体上依次指定 A、B 两点，即可将模型剖切，如图 11.33 和图 11.34 所示，命令行的提示内容如下：

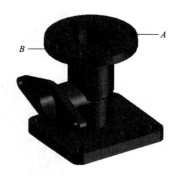

图 11.33　选择面

图 11.34　删除面

命令：_slice✓

选择要剖切的对象：找到 1 个　　　　　　　　　选择实体对象

选择要剖切的对象：✓　　　　　　　　　　　　　按回车键

指定切面的起点或 ［平面对象 （0）/曲面 （S）/Z 轴 （Z）/视图 （V）/XY （XY）/YZ （YZ）/ZX （ZX）/三点 （3）］＜三点＞：　　　　　　　指定点 A

指定平面上的第二个点：　　　　　　　　　　　指定点 B

正在检查 595 个交点...

在所需的侧面上指定点或 ［保留两个侧面 （B）］＜保留两个侧面＞：

　　　　　　　　　　　　　　　　　　　在要保留的那一侧实体上单击

其中，命令行中各选项含义如下：

（1）指定切面的起点：用于定义剖切平面的角度的两个点中的第一点。剖切平面与当前 UCS 的 XY 平面垂直。

（2）平面对象：将剪切平面与包含选定的圆、椭圆、圆弧、椭圆弧、二维样条曲线或二维多段线段的平面对齐。

（3）曲面：将剪切平面与曲面对齐。

（4）Z 轴：通过在平面上指定一点和在平面的 Z 轴 （法向）上指定另一点来定义剪切平面。

（5）视图：将剪切平面与当前视口的视图平面对齐。指定一点定义剪切平面的位置。

（6）XY：将剪切平面与当前用户坐标系 （UCS）的 XY 平面对齐。指定一点定义剪切平面的位置。

(7) YZ：将剪切平面与当前 UCS 的 YZ 平面对齐。指定一点定义剪切平面的位置。

(8) ZX：将剪切平面与当前 UCS 的 ZX 平面对齐。指定一点定义剪切平面的位置。

11.2.2 抽壳三维对象

"抽壳"命令可以将三维实体转换为中空薄壁或壳体。将实体对象转换为壳体时，可以通过将现有面向其原始位置的内部或外部偏移来创建新面。可以通过以下方法执行"抽壳"命令：

(1) 执行"修改"→"实体编辑"→"抽壳"命令。

(2) 在"常用"选项卡的"实体编辑"面板中单击"抽壳"按钮。

(3) 在"实体"选项卡的"实体编辑"面板中单击"抽壳"按钮。

执行"抽壳"命令后，根据命令行的提示选择抽壳对象，然后选择删除面并按回车键，输入偏移距离 50，即可对实体抽壳，如图 11.35 和图 11.36 所示。

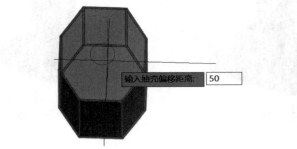

资源 11.6
抽壳三维对象

图 11.35 输入抽壳偏移距离

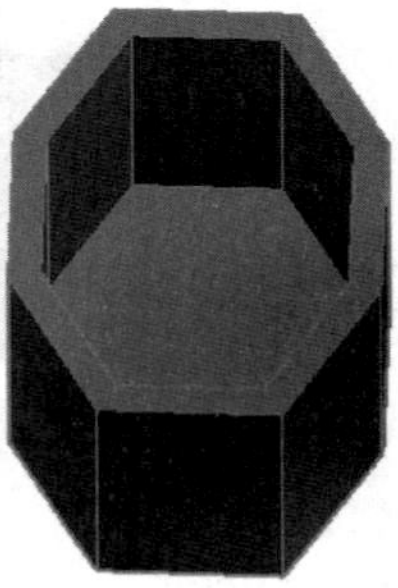

图 11.36 抽壳效果

11.2.3 三维对象倒圆角

"圆角边"命令是为实体对象边建立圆角。可以通过以下方法执行"圆角边"命令：

(1) 执行"修改"→"实体编辑"→"圆角边"命令。

(2) 在"实体"选项卡的"实体编辑"面板中单击"圆角边"按钮。

(3) 在命令行中输入 FILLETEDGE，然后按回车键。

执行"圆角边"命令后，根据命令行的提示，可选择"半径"选项，输入半径值 30 按回车键，然后选择边，即可对实体倒圆角，如图 11.37 和图 11.38 所示。

资源 11.7
三维对象倒圆角

图 11.37 选择边

图 11.38 倒圆角效果

11.2.4 三维对象倒直角

使用"倒角边"命令可以对三维实体对象以一定距离进行倒角,即在一条边中再创建一个面。可以通过以下方法执行"倒角边"命令:

(1) 执行"修改"→"实体编辑"→"倒角边"命令。

(2) 在"实体"选项卡的"实体编辑"面板中单击"倒角边"按钮。

(3) 在命令行中输入 CHAMFEREDGE,然后按回车键。

执行"倒角边"命令后,根据命令行的提示选择"距离"选项,指定两个距离均为30,选择边,即对实体对象进行倒角操作,如图 11.39 和图 11.40 所示。

图 11.39　选择边　　　　　　图 11.40　倒直角效果

资源 11.8
三维对象倒直角

11.3　设置材质和贴图

在 AutoCAD 2020 中,为三维模型添加材质会显著增强模型的真实感。利用贴图可以模拟纹理、凹凸、反射或折射效果。

11.3.1 材质浏览器

使用"材质浏览器"可以导航和管理用户的材质,也可以组织、分类、搜索和选择要在图形中使用的材质。可以通过以下方法打开"材质浏览器"选项板(图 11.41):

(1) 执行"视图"→"渲染"→"材质浏览器"命令。

(2) 在"渲染"选项卡的"材质"面板中单击"材质浏览器"按钮。

(3) 在命令行中输入快捷命令 MAT,然后按回车键。

"材质浏览器"选项板中各选项的含义如下:

(1) 搜索:在多个库中搜索材质外观。

(2) "文档材质"面板:显示随打开的图形保存的材质。

(3) 主页:单击该按钮,在库面板右侧的内容窗格中显示库的文件夹视图。单击文件夹以打开库列表。

(4) "库"面板:列出当前可用的"材质"库中的类别。选定类别中的材质显示在右侧。将鼠标光标悬停在材质样例上时,用于应用或编辑材质的按钮将变为可用。

此外,浏览器底部还包含管理库按钮、创建材质按钮以及材质编辑器按钮。

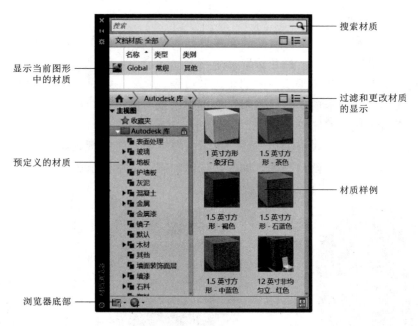

显示当前图形中的材质

预定义的材质

浏览器底部

搜索材质

过滤和更改材质的显示

材质样例

图 11.41 "材质浏览器"选项板

11.3.2 材质编辑器

在"材质编辑器"中可以创建新材质，设置材质的颜色、反射率、透明度、凹凸等属性。可以通过以下方法打开"材质编辑器"选项板（图 11.42）：

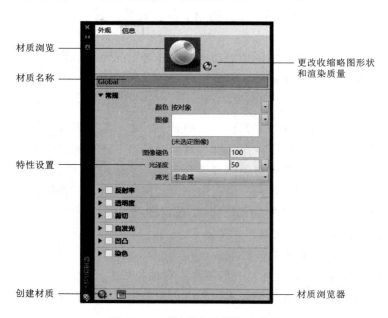

材质浏览

材质名称

特性设置

创建材质

更改收缩略图形状和渲染质量

材质浏览器

图 11.42 "材质编辑器"选项板

（1）执行"视图"→"渲染"→"材质编辑器"命令。

（2）在"渲染"选项卡的"材质"面板中单击右下角箭头按钮。

（3）在命令行中输入 MATEDITOROPEN，然后按回车键。

11.3.3 创建新材质

若要创建新材质，可执行"渲染"→"材质"→"材质浏览器"命令，在打开的"材质浏览器"选项板中单击"创建材质"按钮，然后选择材质，如图 11.43 所示。其后打开"材质编辑器"选项板，可输入名称，指定材质颜色选项，并设置反光度、不透明度、折射、半透明度等的特性，如图 11.44 所示。

返回至"材质浏览器"选项板，在"文档材质"面板中，拖曳创建好的材质，赋予到实体模型上，如图 11.45 所示。

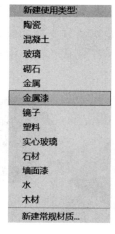

图 11.43 选择材质类型

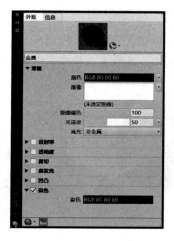

图 11.44 设置属性

图 11.45 新建材质效果

11.4 添加基本光源

在默认情况下，场景中是没有光源的，可通过向场景中添加灯光来创建真实的立体场景效果。

11.4.1 光源的类型

在 AutoCAD 2020 中，光源的类型有 4 种，包括点光源、聚光灯、平行光以及光域网灯光。

1. 点光源

点光源从所在位置向四周发射光线，它与灯泡发出的光源类似。根据点光线的位置，模型将产生较为明显的阴影效果，使用点光源以达到基本的照明效果，如图 11.46 所示。

2. 聚光灯

该光源分布投射一个聚焦光束。聚光灯发射定向锥形光，可以控制光源的方向和圆锥体的尺寸。聚光灯的衰减由聚光灯的聚光角角度和照射角角度控制，如图 11.47 所示。

3. 平行光

该光源仅向一个方向发射统一的平行光光线。它需要指定光源的起始位置和发射方向，从而定义光线的方向。平行光的强度并不随着距离的增加而衰减，如图 11.48 所示。

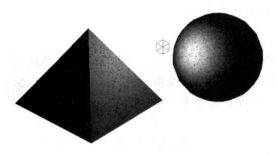

图 11.46 点光源照射效果

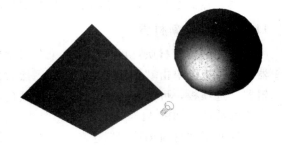

图 11.47 聚光灯照射效果

4. 光域网灯光

该光源是具有现实中的自定义光分布的光度控制光源。它同样也需指定光源的起始位置和发射方向，任何给定方向中的照度与光域网和光度控制中心之间的距离成比例，沿离开中心的特定方向的直线进行测量，如图 11.49 所示。

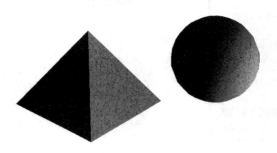

图 11.48 平行光照射效果

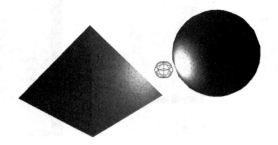

图 11.49 光域网照射效果

11.4.2 创建光源

添加光源可为场景提供真实外观，光源可增强场景的清晰度和三维性。为图形添加光源主要有以下几种方法：

(1) 执行"视图"→"渲染"→"光源"命令中的子命令。

(2) 单击"渲染"→"光源"面板中相应命令按钮。

选择"聚光灯"命令，在绘图区中指定聚光灯的源位置和目标位置，再根据命令行的提示选择相关选项。命令行提示内容如下：

命令：_Spotlight↙

指定源位置＜0.0.0＞：

指定目标位置＜0，0.－10＞：

输入要更改的选项 ［名称（N）/强度（I）/状态（S）/聚光角（H）/照射角（F）/阴影（W）/衰减（A）/颜色（C）/退出（X）］ ＜退出＞：

11.4.3 设置光源

当创建完光源后，若不能满足用户的需求，则可对刚创建的光源进行设置。下面将分别对其设置进行介绍。

1. 设置光源参数

若当前光源强度感觉太弱，可适当增加光源强度值。选中所需光源，在绘图区右击，在快捷菜单中选择"特性"选项，在打开的"特性"选项板中选择"强度因子"选项，并在其后的文本框中输入合适的参数，如图 11.50 所示。

2. 阳光状态设置

阳光与天光是 AutoCAD 2020 中自然照明的主要来源。若在"渲染"选项卡的"阳光和位置"面板中单击"阳光状态"按钮，系统会模拟太阳照射的效果来渲染当前模型，图 11.51 所示为阳光状态效果。

图 11.50　设置强度因子

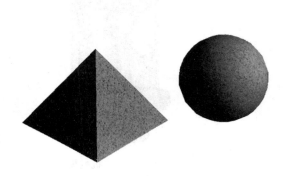
图 11.51　阳光照射效果

在"渲染"选项卡的"阳光和位置"面板中单击右下角的箭头按钮，即可打开"阳光特性"选项板。该选项板提供了控件，可用于指定日光和天光设置。

练　习　题

一、填空题

1.（　　）可以在三维空间中创建对象的矩形阵列和环形阵列。使用该命令时除了需要指定列数和行数外，还要指定阵列的（　　）。

2.（　　）命令可将现有的实体模型上单个或多个边偏移至其他位置，从而利用这些边线创建出新的图形对象。

3. 在 AutoCAD 2020 中，有两种渲染方式，分别为渲染和（　　）。

二、选择题

1. 在对三维实体进行圆角操作时，如果希望同时选择一组相切的边进行圆角操作，应该选择（　　）选项。

A. 半径（R）　　　　　　B. 链（C）　　　　　　C. 多段线（P）　　　　D. 修剪（T）

2. 下列命令不属于三维实体编辑的是（　　）。

A. 三维镜像　　　　　　B. 抽壳　　　　　　　　C. 切割　　　　　　　　D. 三维阵列

3. 使用（　　）命令，可以将三维实体转换为中空薄壁或壳体。

A. 抽壳　　　　　　　B. 剖切　　　　　　　C. 倒角边　　　　　　　D. 圆角边

4. （多选）实体旋转时选定了图形后，显示无法旋转的原因有可能是（　　　）。

A. 不是封闭的一条线　　　　　　　　B. 显示问题

C. 不是封闭的线段　　　　　　　　　D. 不是面域，且不平行于回转轴

三、上机操作题

使用"圆""正多边形""拉伸""差集"和"阵列"等命令绘制如图 11.52 所示的模型

图 11.52　机械模型

资源 11.9
练习题答案

第12章 绘制建筑施工图

通过学习前面章节介绍的各类命令，我们可以绘制专业工程图样了。建筑施工图包括总平面图、建筑平面图、立面图、剖面图和建筑详图，它们之间有大量的重复内容，为了减少不必要的重复工作，用户可以建立一个符合国家制图标准的图形样板文件，绘图时可以随时调用样板文件，提高绘图效率。

12.1 创建图形样板文件

图形样板文件也称为样板图，绘图时很多的属性是可以重复使用的，如图层的建立和命名、图层的颜色和线型、文字样式、尺寸样式等，样板图就是将这些经常使用的绘图环境事先设置好，以便在绘制新图时沿用原来的图形文件，以避免每次画图时都从头开始逐项设置。

样板文件保存在系统的 Template 子目录内，保存类型为".dwt"。下面以绘制 1∶100 的建筑施工图为例，创建一张样板图。

12.1.1 新建一个文件

单击"新建"按钮，弹出"选择样板"对话框，选择一个文件，单击"打开"按钮，如图 12.1 所示。

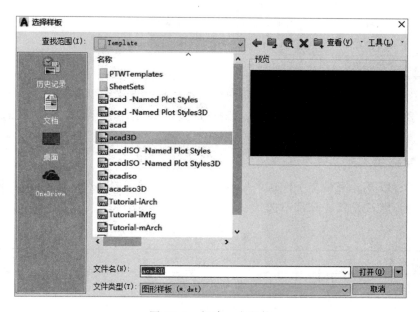

图 12.1 新建一个文件

12.1.2　建立图层

按照建筑施工图的绘制内容，建立如图 12.2 所示的图层，图层的名称、颜色、线型见表 12.1。图层的颜色可根据习惯自定，图层的线宽为默认值，图形输出时由颜色统一设置。

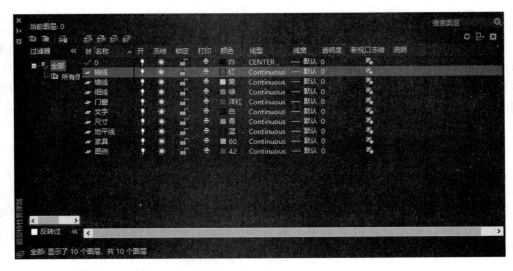

图 12.2　建立图层

表 12.1　　　　　　　　　　　　图 层 信 息 表

名称	颜色	线型	名称	颜色	线型
轴线	红色	CENTER	尺寸	青色	Continuous
墙线	黄色	Continuous	地坪线	蓝色	Continuous
细线	绿色	Continuous	家具	60	Continuous
门窗	洋红	Continuous	图例	42	Continuous
文字	白色	Continuous			

完成设置后，单击"确定"按钮。用户还可以根据需要继续创建图层。

在"图层"工具栏的下拉列表框内，或打开"图层特性管理器"时，图层的排列顺序由字母的先后顺序决定。

12.1.3　文字样式

设定汉字、数字、字母文字样式，见表 12.2。文字样式的高度、倾斜角度均为 0。文字样式的效果均为默认设置，即都不选。

表 12.2　　　　　　　　　　　　文 字 样 式

样式名	字体名	宽度比例
HZ	仿宋_GB2312	0.7
DIM	Simplex. shx	0.7
ZM	Simplex. shx	0.7

12.1.4 尺寸样式

（1）样式名：DIM100。

（2）直线。尺寸线：基线间距 700；尺寸界线：超出尺寸线 200；起点偏移量 500。

（3）符号和箭头。箭头：第一项建筑标记，第二项建筑标记；箭头大小 200。

（4）文字。文字外观：文字样式 DIM，文字高度 250；文字位置：垂直选择上方，水平选择置中，从尺寸线偏移 50；文字对齐：与尺寸线对齐。

（5）其他设置同 6.1 节，并将 DIM100 置为当前。

12.1.5 保存

将设置好的图形文件保存，如图 12.3 所示，保存于系统的 Template 子目录内：文件名为"施工图 100 样板文件"；文件类型为"AutoCAD 图形样板（*.dwt)"。

单击"保存"按钮，弹出"样板选项"对话框，如图 12.4 所示，在该对话框中可以说明所设置样板图的内容，单击"确定"后，即完成创建样板图的全过程。

图 12.3 保存样板文件   图 12.4 "样板选项"对话框

为了避免系统发生故障后丢失样板图，建议将样板图以图形文件保存在用户文件夹中。

12.2 绘制建筑平面图

绘制如图 12.5 所示的底层平面图。

打开上一节设置的图形样板文件"施工图 100 样板文件.dwt"，另存为用户子目录，文件名路径为：施工图/1 号楼/建筑/平立面图。

建筑施工图按 1∶1 绘制，打印时按 1∶100 的比例输出。

12.2.1 画轴线

将"轴线"层置为当前层，用直线命令画水平和竖直两条轴线，用偏移和阵列命令将以上两条直线按规定的开间和进深偏移或阵列。命令操作及说明如下：

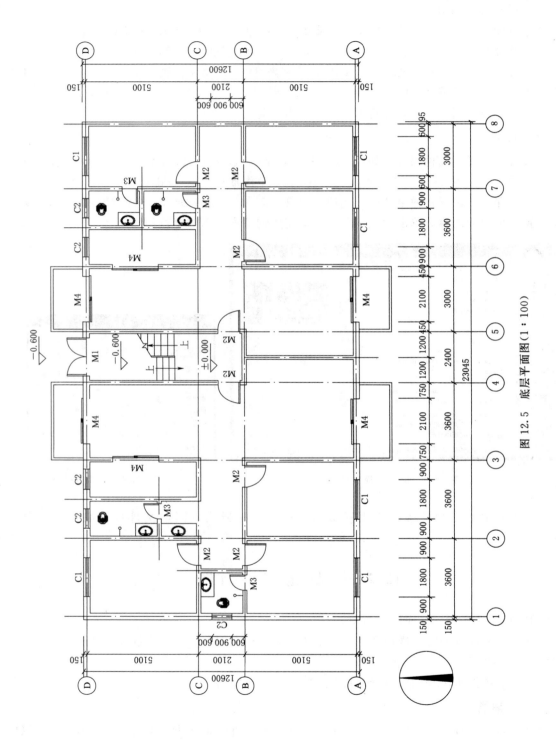

图 12.5　底层平面图(1：100)

1. 画水平轴线

命令：LINE↙

指定第一点：拾取一点

指定下一点或［放弃（U）］28000↙　　　画水平轴线、长度＝28000mm

指定下一点或［放弃（U）］：↙

屏幕显示的轴线为实线，修改线型比例。执行下拉菜单"格式"→"线型"命令。弹出"线型管理器"对话框，如图12.6所示，将"全局比例因子"改为60，此时屏幕显示轴线为实线。

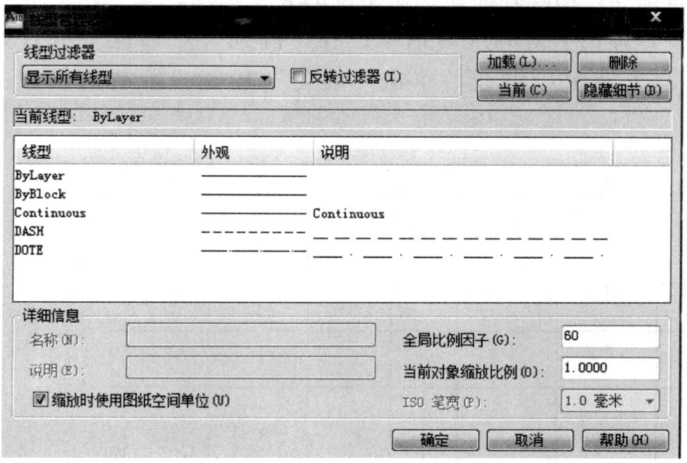

图 12.6 "线型管理器"对话框

资源 12.1
绘制轴线

由于每条水平轴线之间的距离不相等，用偏移命令绘制全部的水平轴线。

命令：OFFSET↙

指定偏移距离或［通过（T）］＜0.0000＞：900↙　　　A、B 轴线间距为 900mm

选择要偏移的对象或＜退出＞：单击第一条水平辅线 A

指定点以确定偏移所在一侧：单击 A 轴线上方任意一点，面 B 轴线

选择要偏移的对象或＜退出＞：

命令：OFFSET↙

指定偏移距离或［通过（T）］＜900.0000＞：3600↙　　B、C 轴线间距为 3600mm

选择要偏移的对象或＜退出＞：单击第二条水平轴线 B

指定点以确定偏移所在一侧：单击 B 轴线上方任意一点，画 C 轴线

选择要偏移的对象或＜退出＞：

指定偏移距离或［通过（T）］＜3600.0000＞：2100↙　　C、D 轴线间距为 2100mm

选择要偏移的对象或＜退出＞：单击第三条水平轴线 C

指定点以确定偏移所在一侧：单击 C 轴线上方任意一点，画 D 轴线

选择要偏移的对象或＜退出＞：

命令 OFFSET↙

指定偏移距离或［通过（T）］＜2100.0000＞：4500↙　　C、E 轴线间距为 4500mm

选择要偏移的对象或＜退出＞：单击第四条水平轴线 D

指定点以确定偏移所在一侧：单击 D 轴线上方任意一点，画 E 轴线

选择要偏移的对象或＜退出＞：

2. 画竖直轴线

命令：LINE↙

指定第一点：拾取一点，与水平轴线相交

指定下一点或［放弃（U）］：13000↙　　画竖直 1 号轴线，长度＝13000mm

指定下一点或［放弃（U）］：

由于每条竖直轴线距离相等，用阵列命令绘制全部的竖直轴线。

在命令行输入 ARRAY，弹出"阵列"对话框。在"阵列"对话框中进行如下操作：1 行，8 列，列偏移 3600，选择 1 号轴线，单击"确定"按钮。绘制的轴线如图 12.7 所示。

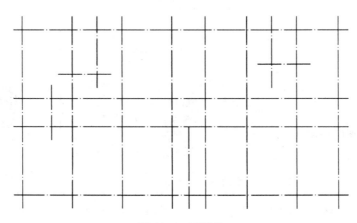

图 12.7　画轴线

12.2.2　画墙线

将"墙线"层置为当前层，添加 WALL 多线样式。用多线命令画墙线，用线编辑命令和修剪命令编辑墙线。

命令操作及说明如下：

1. 画墙线

命令：MLINE↙

当前设置：对正＝上，比例＝20.00. 样式＝WALL

指定起点或［对正（J）/比例（ST）］：J↙

输入对正类型［上（T）/无（Z）下（B）)］＜上＞：Z↙

当前设置：对正＝无，比例＝20.00，样式＝WALL

指定起点或［对正（J）/比例（ST）］：S↙

输入多线比例＜20.00＞：240↙

当前设置：对正＝无，比例＝240.00，样式＝WALL

指定起点或［对正（3）/比例（S）样式（ST）］：拾取轮廓线的交点

指定下一点：拾取轴线的交点

指定下一点或〔放弃（U）〕：拾取轴线的交点

指定下一点或〔闭合（C）/放弃（U）〕：拾取轴线的交点

指定下一点或〔闭合（C）/放弃（U）〕：

命令：MLINE↙（继续画墙线）

当前设置：对正＝无，比例＝240.00.样式＝WALL

指定起点或〔对正（J）/比例（ST）〕：拾取轴线的交点

指定下一点：拾取轴线的交点

指定下一点或〔放弃（U）〕：拾取轴线的交点

指定下一点或〔闭合（C）/放弃（U）〕：↙

继续画墙线，直至画完所有的墙线，如图 12.8 所示。

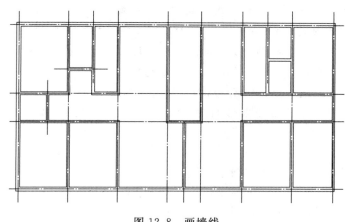

资源 12.2
绘制墙线

图 12.8　画墙线

2. 编辑墙线

用"多线编辑工具"编辑墙线。关闭"轴线"图层，打开"多线编辑工具"对话框，对所画的墙线进行编辑。单击"T 形打开"图标，单击"确定"按钮，对话框关闭，返回到屏幕绘图状态，修改墙线，见 4.9 节。用多线编辑工具修改后的墙线如图 12.9 所示。

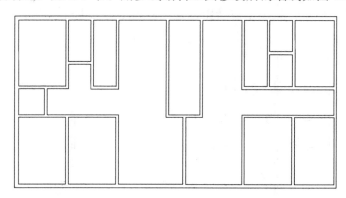

图 12.9　用多线编辑命令修改墙线

3. 画门窗洞线

用修剪命令剪断墙线。

资源 12.3
绘制门窗洞线

资源 12.4
利用多线编辑
命令修改墙线

打开"轴线"图层。轴线到窗洞的距离为 1050mm，根据该尺寸，绘制窗洞的位置线。

命令：OFFSET↙

当前设置：删除源＝否图层＝源 OFFSETGAPTYPE＝0

指定偏移距离或［通过（T）/删除（E）/图层（L）］＜通过＞：1050↙

轴线到窗洞线的距离＝1050mm

选择要偏移的对象，或［退出（E）/放弃（U）］＜退出＞：选择最左边的第一根轴线

指定要偏移的那一侧上的点，或［退出（E）/多个（M）/放弃（U）］＜退出＞：单击第一根轴线右边的任意一点，第一根轴线向右偏移

选择要偏移的对象，或［退出（E）/放弃（U）］＜退出＞：选择最左边的第二根轴线

指定要偏移的那一侧上的点，或［退出（E）/多个（M）/放弃（U）］＜退出＞：单击第二根轴线左边的任意一点，第二根轴线向左偏移

选择要偏移的对象，或［退出（E）/放弃（U）］＜退出＞：

如图 12.10（a）所示。选择刚偏移的两条直线，将它们放到"墙线"图层，关闭"轴线"图层。

命令：TRIM↙

当前设置：投影＝UCS，边＝延伸

选择剪切边：

选择对象或＜全部选择＞：选择外墙线和两根偏移的墙线找到 3 个

选择对象：↙

选择要修剪的对象，或按住 Shift 键选择要延伸的对象，或

［栏选（F）/窗交（C）/投影（P）/边（E）删除（R）/放弃（U）］：剪去不需要的线

选择要修剪的对象，或按住 Shift 键选择要延伸的对象，或

［栏选（F）/窗交（C）/投影（P）/边（E）删除（R）/放弃（U）］：

如图 12.10（b）所示，继续上述操作，直至完成图 12.11 所示为止。

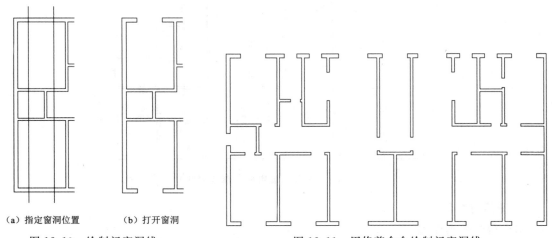

（a）指定窗洞位置　　　（b）打开窗洞

图 12.10　绘制门窗洞线

图 12.11　用修剪命令绘制门窗洞线

12.2.3 画门窗

1. 创建门窗图块

（1）将"0"层置为当前层，绘制门和标准窗，尺寸如图 12.12 所示。

（2）创建门窗块。将图 12.12 的门窗制作成图块，图块名如图 12.12 所示。

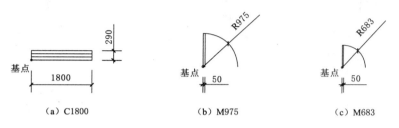

（a）C1800   （b）M975   （c）M683

图 12.12　创建门窗块

2. 插入门窗图块

（1）插入门块。将"门窗"层置为当前层，在指定位置，按 1∶1 的比例插入门块，插入点为墙体厚度的中点。

（2）插入窗块。南北方向的窗尺寸为 1500mm，因此插入的窗块按 $X=1.5$、$Y=1$、角度＝0°的设置插入。东西两边的窗尺寸为 1200mm，插入的窗块按 $X=1.2$、$Y=1$、角度＝90°的设置插入。

插入门窗后的图形如图 12.13 所示。

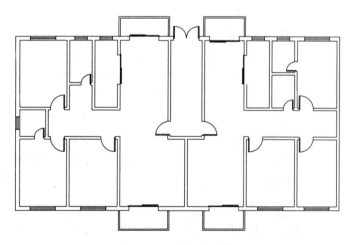

图 12.13　插入门窗块

12.2.4 画楼梯

将"细线"层置为当前层，用直线命令、多段线命令、修剪命令绘制楼梯。

楼梯平台宽度＝1200mm，台阶宽度＝270mm，楼梯井宽度＝120mm，扶手栏杆宽度＝50mm，如图 12.14（a）所示。

具体步骤如下：

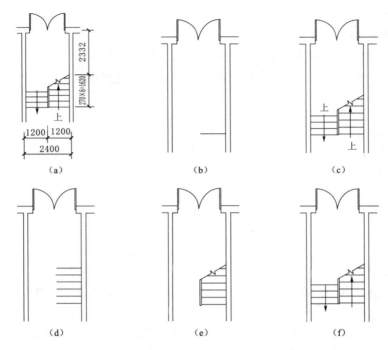

图 12.14 画楼梯

（1）用直线命令画第一个台阶，如图 12.14（b）所示。

（2）用阵列命令画全部台阶。阵列对话框中进行如下操作：9 行、1 列、行偏移 260，如图 12.14（c）所示。

（3）用直线命令和修剪命令画折断线、画扶手栏板，用修剪命令修改台阶，如图 12.14（d）所示。

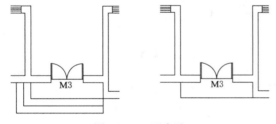

图 12.15 画台阶

（4）用多段线命令画楼梯走向，如图 12.14（e）所示。

（5）用文字命令书写台阶走向和总数，如图 12.14（f）所示。

最后完成楼梯的绘制，台阶绘制如图 12.15 所示。

12.2.5 书写文字

将"文字"层置为当前层，书写门窗代号等，汉字用 HZ 样式、门窗代号用 DIM 样式，如图 12.16 所示。

12.2.6 标注尺寸

将"尺寸"层置为当前层，具体操作如下：

（1）绘制 3 条辅助线。距离图形轮廓线为 1200mm，分别代表 3 个方向第一道尺寸线的位置。

（2）用"线性"标注第一道尺寸线。尺寸线与直线 1 平齐，如图 12.17 所示。然后删除辅助直线 1。

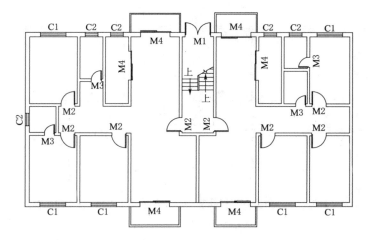

图 12.16　书写文字

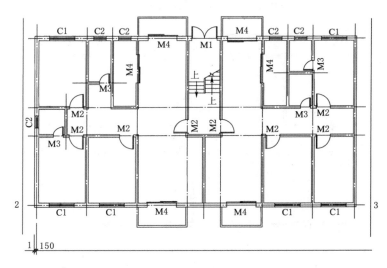

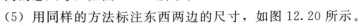

图 12.17　绘制 3 条尺寸标注的辅助线

（3）用"连续"标注水平方向的尺寸，下一个尺寸界线的端点是轴线与外墙的交点，或者是外墙与窗的交点，如图 12.18 所示。

（4）用"基线"和"连续"标注水平方向的平行尺寸。先标注一个开间的"基线"尺寸。再用"连续"标注其他开间的尺寸。用同样的方法标注水平方向的总尺寸，如图 12.19 所示。

（5）用同样的方法标注东西两边的尺寸，如图 12.20 所示。

资源 12.5
在水平方向
标注尺寸

12.2.7　标注定轴线

（1）将"尺寸"层置为当前层。先画一个定位轴线，引出线长 3000mm，圆圈直径 800mm，字高 500mm，字体对正中。

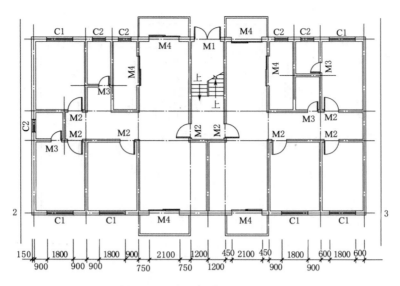

图 12.18 标注细部的连续尺寸

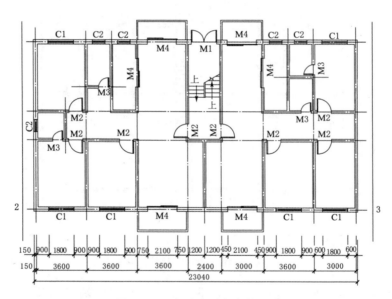

图 12.19 标注水平方向的尺寸

命令：LINE↙

指定第一点：拾取一点

指定下一点或 [放弃（U）]：3000↙　　　　向下画长度＝3000mm 的竖直线

指定下一点或 [放弃（U）]：

命令：CIRCLE↙

指定圆的圆心或 [三点（3P）/两点（2P）/相切/相切/半径（T）]：2P

指定圆直轻的第一个端点：拾取竖直线的下端点

指定圆直径的第二个端点：800↙　　　　圆圈直径＝800mm

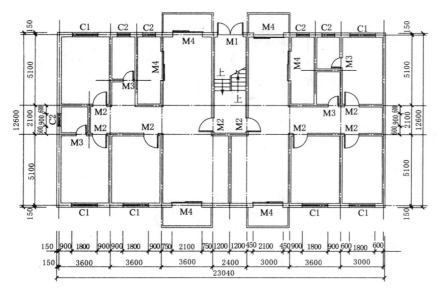

图 12.20 标注东西两边的尺寸线

命令：DTEXT↙

当前文字样式：ZM 当前文字高度：2.5000

指定文字的起点或［对正（J）/样式（S）］J↙

输入选项［对齐（A）/调整（F）/中心（C）/中间（M）/右（R）/左上（TL）/中上（TC）/右上（TR）/左中（ML）/正中（MC）/右中（MR）/左下（BL）/中下（BC）/右下（BR）］：MC

指定文字的中间点：拾取圆心

指定高度＜2.5000＞：500↙

指定文字的旋转角度＜O＞：

输入文字：8↙

输入文字：↙

将画好的定位轴线移到指定位置，如图12.21所示。

（2）用阵列命令绘制水平方向的定位轴线。在阵列对话框中进行如下操作：1行、8列、列偏移为3000mm，选择对象为8号定位辅线，单击"确定"按钮结束阵列。

（3）修改文字，定位轴线编号从左往右为1～8。

同样标注左右两边的定位轴线，如图12.22所示。

12.2.8 画洁具

将"家具"层置为当前层。AutoCAD 2020 已将洁具制成图块，用户可以直接复制。

单击"AutoCAD 2020 设计中心"按钮，弹出"设计中心"对话框。在左窗格的树状图单击 C：\ Program

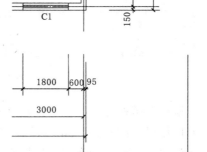

图 12.21 标注定位轴线

Files \ AutoCAD 2020 \ Sample \ DesignCenter \ House Designer. dwg 文件，单击"图块"，

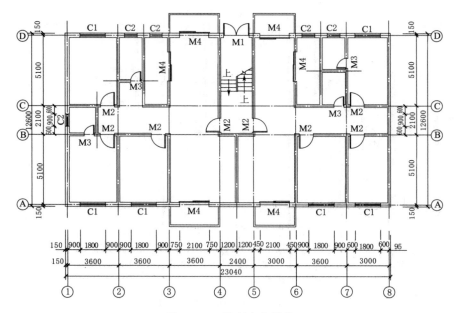

图 12.22　绘制定位轴线

即在右窗格中显示出该文件中的所有图块。如图 12.23 所示。

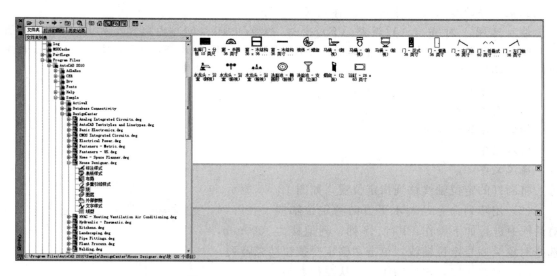

图 12.23　AutoCAD 2020 设计中心

　　鼠标左键按住"马桶"图块，将它拖到当前图形文件中，然后松手，马桶即被复制，按以上操作再复制脸盆。如图 12.24 所示。

　　按图 12.25 所示布置到底层平面图中。

12.2.9　标注标高、画标注符号、画指北针

1. 标注标高

　　（1）制作标高图块。在 0 图层绘制并制作标高符号，标高符号尺寸如图 12.26 （a）所

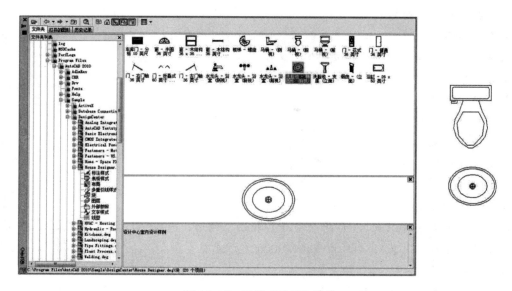

图 12.24　复制"马桶"图块

示，基点为等腰三角形的顶点，块名为：BG。

（2）将"尺寸"层置为当前层。插入标高符号到平面图中，标注标高数字：室内：±0.000；室外台阶处：－0.020。

2. 画标注符号

（1）在楼梯间位置用多段线绘制剖切符号，并标注剖面图编号1。

命令：PLINE↙

指定起点：拾取一点

当前线宽为 0.0000

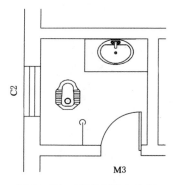

图 12.25　底层面图中洁具

指定下一个点或［圆弧（A）/半宽（H）/长度（L）/放弃（U）/宽度（W）］：W

指定起点宽度＜0.0000＞：30↙　　　多段线宽度

指定端点宽度＜30.0000＞：↙

指定下一个点或［圆弧（A）/半宽（H）/长度（L）/放弃（U）/宽度（W）］：600　　　指定竖直方向，长度＝600m 的直线

指定下一点或［圆弧（A）/半宽（H）/长度（L）/放弃（U）/宽度（W）］：400　　　指定水平方向。长度＝400mm 的直线

指定下一点或［圆弧（A）/半宽（H）/长度（L）/放弃（U）/宽度（W）］：

（2）标注剖面图编号。

命令：TEXT↙

当前文字样式 DIM 当前文字高度：2.5000

指定文字的起点或［对正（J）/样式（S）］：

指定高度＜2.5000＞：350

指定文字的放转角度＜O＞：屏幕上输入文字

（3）画一对剖面符号。

命令：MIRROR↙

选择对象：选择剖切符号和文字

选择对象：

指定镜像线的第一点：

指定镜像线的第二点：

要删除源对象吗？［是（Y）/否（N）］＜N＞：

剖面标注符号如图 12.26（b）所示。

3．画指北针

命令：CIRCLE↙

指定圆的圆心或［三点（P）/两点（2P）/相切、相切、半径（T）］：

指定圆的半径或［直径（D）］＜400.0000＞：2400

命令：PLINE↙

指定起点：拾取圆的最高象限点

当前线宽为 0.0000

指定下一个点或［圆弧（A）/半宽（H）/长度（L）/放弃（U）/宽度（W）］：W

指定起点宽度＜300.0000＞：0

指定端点宽度＜0.0000＞：300

指定下一个点或［圆弧（A）/半宽（H）/长度（L）/放弃（U）/宽度（W）］：拾取圆的最低象限点。

指定下一点成［圆弧（A）/半宽（H）/长度（L）/放弃（U）/宽度（W）］：

所画的指北针如图 12.26（c）所示。

（a）标高　　　　　　　　　（b）标注符号　　　　　　　　　（c）指北针

图 12.26　标注标高、画标注符号、画指北针

12.2.10　书写图名和比例

书写图名和比例后的平面如图 12.27 所示。

12.2.11　画图框和标题栏

按照平面图的大小，选择 A3 图纸。A3 图纸的规格为 420mm×297mm，由于施工图是按 1：1 绘制的。因此 A3 的图纸应放大 100 倍，即 42000mm×297000mm，标题栏也相应地放大 100 倍。放大前的标题栏尺寸如图 12.28 所示。

图 12.27 的图名为"底层平面图"，完成全图后，存盘退出。

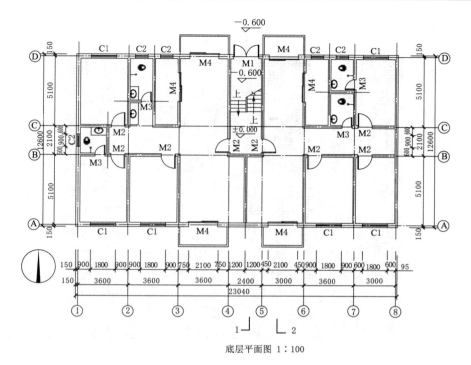

底层平面图 1:100

图 12.27 标准层平面图

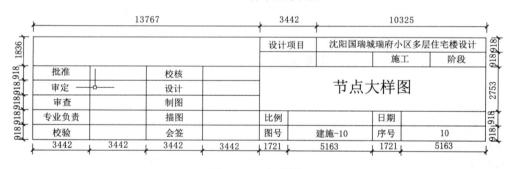

图 12.28 标题栏

如果还要绘制其他层的平面图,如标准层平面图,可以连同图纸一起,先复制"底层平面图",然后再根据标准层平面图的不同内容进行修改,此时的图名,包括标题栏的图名为"标准层平面图",图号也作相应的修改。

12.3 绘 制 建 筑 立 面 图

绘制如图 12.29 所示的南立面图。

建筑立面图的绘图方法与步骤与平面图相同。

将要绘制的"南立面图"与已完成的"底层平面图"是同一栋建筑物的两个图形,而且比例相同,因此画图时将它们放在一个文件内。

打开"施工图/1 号楼/建筑/平立剖面图"文件夹,在已画好的"底层平面图"的文件内,画"南立面图"。

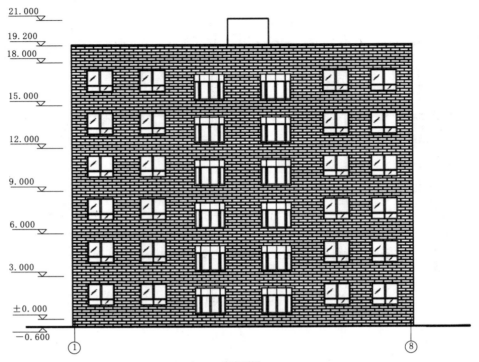

南立面图 1:100

图 12.29　南立面图（1∶100）

12.3.1　画地坪线、定位轴线、外墙轮廓线

（1）将"地坪线"层置为当前层。用多段线命令画地坪线。

命令：PLINE↙

指定起点：拾取一点

当前线宽为 0.0000

指定下一个点或［圆弧（A）/半宽（H）/长度（L）/放弃（U）/宽度（W）］：W

指定起点宽度＜0.00000＞：50↙

指定端点宽度＜50.0000＞：

指定下一个点或［圆弧（A）/半宽（H）/长度（L）/放弃（U）/宽度（W）］：29000↙

地平线的长度＝29000mm

指定下一点或［圆弧（A）/半宽（H）/长度（L）/放弃（U）/宽度（W）］：

（2）将"尺寸"层置为当前层，按照平面图中 1 号轴线和 8 号轴线的位置，在地坪线上画定位轴线。

（3）将"墙线"层置为当前层，根据平面图中外墙尺寸和立面图中的标高尺寸，画外墙轮廓线。

命令：RECTANG↙

指定第一个角点或［倒角（C）/标高（E）/圆角（F）/厚度（T）/宽度（W）］：拾取点 1，点 1 在①轴线左边 120mm 处

指定另一个角点或［尺寸（D）］：@25440，10650↙　　建筑物的外墙尺寸

所画的外墙轮廓线如图 12.30 所示。

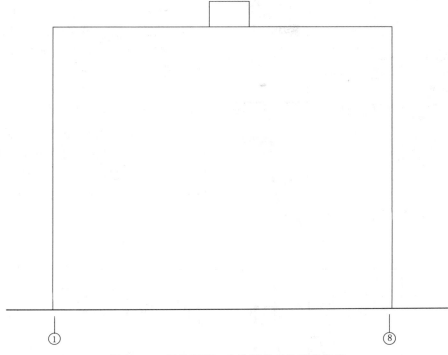

图 12.30　画地坪线、定位辅线、外墙轮廓线

12.3.2　画窗

（1）创建立面图窗块。将 0 图层置为当前层，画立面图上的窗、窗的尺寸，如图 12.31（a）所示。将画好的窗在 0 图层制作成窗块，块名为"CI500"。

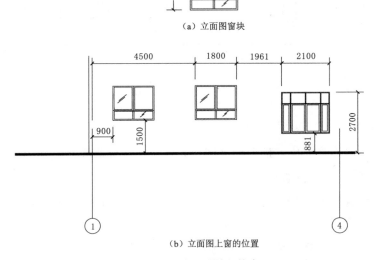

（a）立面图窗块

（b）立面图上窗的位置

图 12.31　画立面图上的窗

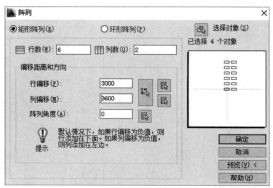

图 12.32　插入窗的"阵列"对话框

（2）插入立面图中的第一扇窗。将"门窗"层置为当前层。按 1∶1 的比例插入第一扇窗。第一扇窗的插入点位置如图 12.31（b）所示，水平方向尺寸从平面图中得到，竖直方向尺寸见立面图中的标高。

（3）画立面图上所有的窗。由阵列命令画立面图上所有的窗。建筑物三层，层高为 3m，7 个房间，开间尺寸 3.6m，因此，"阵列"对话框的设置如图 12.32 所示。选择对象为立面窗块 C1500，单击"确定"按钮，

完成阵列。立面图如图 12.33 所示。

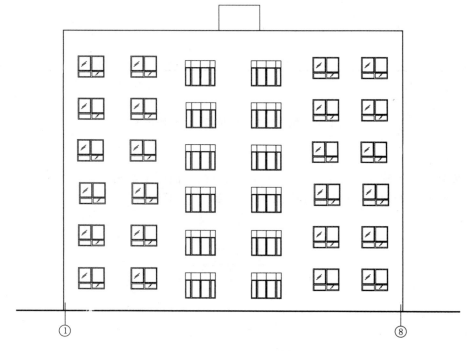

图 12.33　画立面图窗

12.3.3　标注标高

将"尺寸"层置为当前层，插入标高图块，逐个标注标高尺寸，如图 12.34 所示。

12.3.4　图案填充、书写图名和比例

将"图例"层置为当前层，用填充命令 BHATCH 进行外墙立面装修。图案由用户选择，并调整到最佳比例，图 12.35 所选的图案为 BRSTONE，比例为 35。

与"底层平面图"一样，选择 A3 图纸，画上图框和标题栏、本张图纸的图名为"南立面图"，完成全图后，存盘退出。

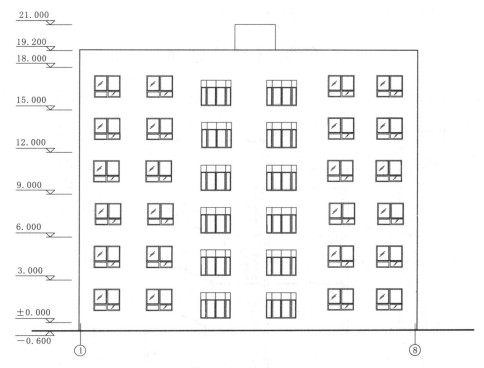

图 12.34 标注标高

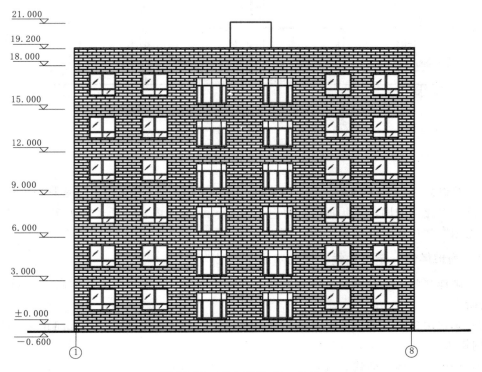

图 12.35 南立面图 （1：100）

还可以绘制其他的立面图，如"北立面图"等。

12.4　绘制建筑剖面图

绘制如图 12.36 所示的"1—1 剖面图"。建筑剖面图的绘图方法与步骤与平面图相同。

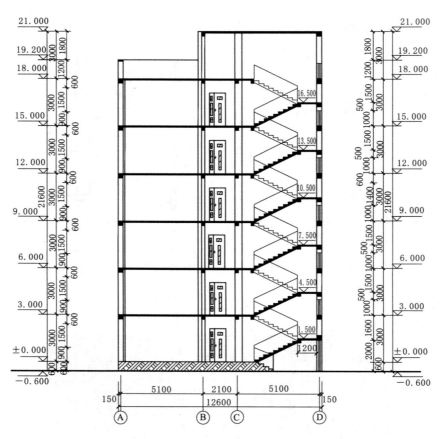

图 12.36　1—1 剖面图（1∶100）

将要绘制的"1—1 剖面图"与已完成的"底层平面图""南立面图"是同一栋建筑物的三个图形，且比例相同，因此画图时将它们放在一个文件内。打开"施工图/1 号楼/建筑/平立剖面图"文件夹，继续画"1—1 剖面图"。

12.4.1　画地坪线、定位轴线、墙轮廓线

（1）画地坪线。用多段线命令画地坪线，室内标高±0.000m，室外标高－0.600，室外三个台阶。

（2）画定位轴线。图 12.36 中定位轴线为 A、B、C、D 四根，A、B 间距为 5100mm，B、C 间距为 2100mm，C、D 间距为 5100mm。

（3）画内、外墙轮廓线。按标高画外墙轮廓线，尾檐线距室内地面 21m，距室外地面总高度为 21.6m。按图示尺寸画内墙轮廓线，如图 12.37 所示。

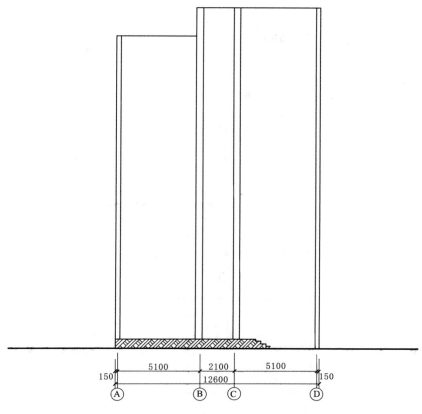

图 12.37 画地坪线、定位轴线、墙轮廓线

12.4.2 画门窗、画楼面线

1. 画 A、B 轴线上的门窗

（1）根据标高尺寸画门窗洞线。

（2）插入窗块 C1000 到指定位置。

窗的图块设置为：$X = 1.8$，角度 $= 90°$。

门的图块设置为：$X = 2.7$，角度 $= 90°$。

2. 画走廊上的门

（1）创建剖面图中的门块。在"0"层画如图 12.38 所示的门，并制作成门块，块名：C1200。

（2）将门块插入到剖面图中。将 C1200 图块插入到底层，距走廊右侧 600mm，如图 12.39 所示。用阵列或复制命令画二、三层楼的窗，楼层层高 3000mm。

3. 画楼面线

按标高尺寸画楼面线，楼板厚度 100mm，完成后如图 12.40 所示。

12.4.3 画楼梯

楼梯由踏步和扶手组成，画图步骤如下：

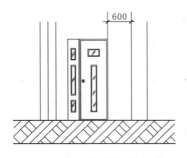

图 12.38 剖面图中的门块

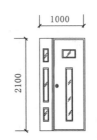

图 12.39 剖面图上门的位置

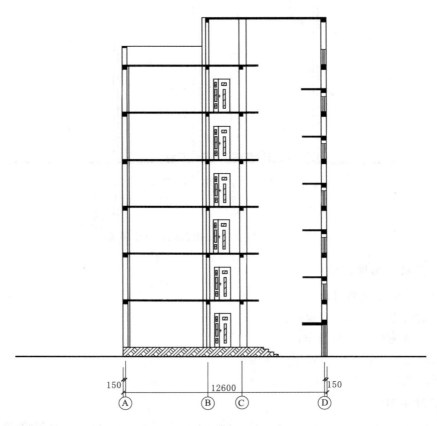

图 12.40 画门、楼面线

（1）用直线命令绘制楼梯踏步，尺寸如图 12.41（a）所示，踏宽为 300mm，踏高为 150mm，踏板厚为 100mm，扶手高为 900mm。

（2）画第一个楼梯段。用复制命令复制 10 个踏步，如图 12.41（b）所示。

（3）画两个楼梯段。用复制和镜像命令向上画第二个楼梯段，并根据其可见性进行修剪，如图 12.41（c）所示。

（4）画四个楼梯段。用复制命令向上复制二个楼梯段，并根据其可见性进行修剪，如图 12.41（d）所示。

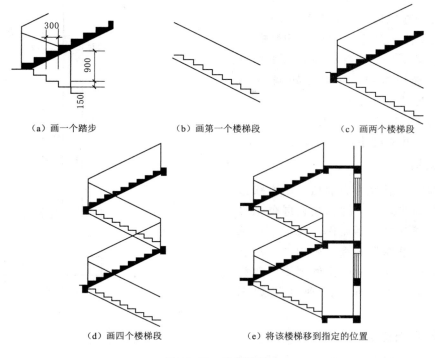

（a）画一个踏步　　　　（b）画第一个楼梯段　　　　（c）画两个楼梯段

（d）画四个楼梯段　　　　　　（e）将该楼梯移到指定的位置

图 12.41　绘制楼梯

（5）楼梯平台宽为 1500mm，将该楼梯移到指定的位置，并用修剪命令修剪细部，如图 12.41（e）所示。

12.4.4　标注尺寸、标高、书写图名和比例

与"底层平面图"一样，选样 A3 图纸，面上图框和标题栏，本张图纸的图名为"1—1 剂面图"，完成全图后，存盘退出。

12.5　绘 制 建 筑 详 图

建筑详图主要包括墙身详图、楼梯详图、基础详图等，下面介绍基础详图的绘制。

绘制如图 12.42 所示的"基础详图"。详图是放大的图样，比例与平、立、剖面图不同，基础详图通常以 1∶10 的比例绘制，因此要另外建立一个文件。

打开图形样板文件"施工图 100 样板文件 ∗.dwt"，另存为用户子目录，文件名为"详图.dwt"，路径为：施工图/1 号楼/建筑/详图。

12.5.1　创建尺寸标注样式

以"DIM10"作为基础样式，创建"DIM10"的标注样式，单击"继续"按钮，弹出"新建标注样式：DIM10"对话框，做如下修改：

（1）样式名：DIM10。

（2）直线。尺寸线：基线间距 70；尺寸界线：超出尺寸线 20，起点偏移量 40。

（3）符号和箭头。箭头：第一项建筑标记，第二个建筑标记；箭头大小 20。

（4）文字。文字外观：文字样式 DIM，文字高度 35；文字位置：垂直选择上方、水平选择置中，从尺寸线偏移 5；文字对齐；与尺寸线对齐。

（5）将 DIM10 置为当前。在标注时，如不满意，可调整尺寸样式的设置。

12.5.2　画轴线

将"轴线"层置为当前层，用直线命令画竖直的轴线。此时的轴线在屏幕上显示为实线，需调整线型比例。执行下拉菜单"格式"→"线型"命令，弹出"线型管理器"对话框，将"全局比例因子"改为 250，如图 12.43 所示。所画轴线如图 12.44 所示。

12.5.3　画基础垫层

将"墙线"层置为当前层，用矩形命令画基础垫层，并移到如图 12.45 所示的位置。

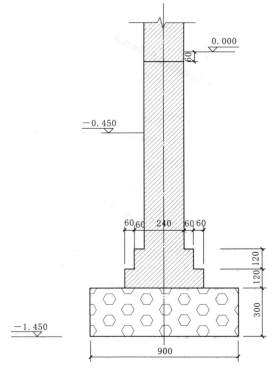

图 12.42　基础详图（1∶10）

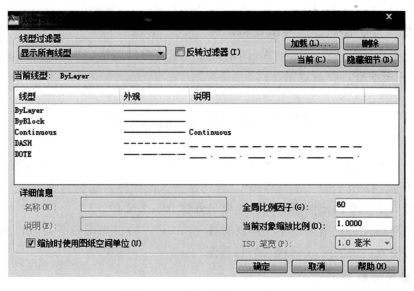

图 12.43　"线型管理器"对话框

12.5.4　画大放脚和基础墙

用直线、镜像命令画大放脚和基础墙。

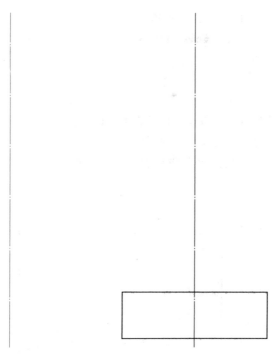

图 12.44　画轴线　　　　　图 12.45　画基础垫层

命令：LINE↙

指定第一点：240↙　　　　　　　　　拾取垫层上面的中心，将鼠标指向左边，输入数据

指定下一点或［放弃（U）］：120↙　　　　　　　将鼠标指向上面，输入数据

指定下一点或［放弃（U）］：60↙　　　　　　　将鼠标指向右面，输入数据

指定下一点或［闭合（C）/放弃（U）］：120↙　　　　　将鼠标指向上面，输入数据

指定下一点或［闭合（C）/放弃（U）］：60↙　　　　　将鼠标指向右边，输入数据

指定下一点或［闭合（C）/放弃（U）］：1250↙　　　　将鼠标指向上面，输入数据，

1250 由测算得到，基础墙线的长度应大于 1450mm，在室内地面线上 0.000 以上

指定下一点或［闭合（C）/放弃（U）］：

命令：MIRROR↙

选择对象：

指定对角点：选择所画的大放脚和基础墙

找到 5 个选择对象：↙

指定镜像线的第一点：拾取轴线上的一点

指定镜像线的第二点：拾取轴线上的另一点

是否删除源对象？［是（Y）/否（N）］＜N＞：↙

所画大放脚和基础墙如图 12.46 所示。

12.5.5　画防潮层和基础折断线

（1）画防潮层。用多段线在指定位置画防潮层，线宽为 5mm。

225

命令：PLINE↙

指定起点：拾取一点当前线宽为 0.0000

指定下一个点或 ［圆弧 （A）/半宽 （H）/长度 （L）/放弃 （U）/宽度 （W）］：W

指定起点宽度＜0.0000＞：5

指定端点宽度＜5.0000＞：

指定下一个点或 ［圆弧 （A）/半宽 （H）/长度 （L）/放弃 （U）/宽度 （W）］：240

指定下一个点或 ［圆弧 （A）/闭合 （C）/半宽 （H）/长度 （L）/放弃 （U）/宽度 （W）］：

将多段线移到墙体中间，距基础垫层底部 1450mm 处。

（2）画基础折断线。用直线命令在墙身顶部画基础折断线，如图 12.47 所示。

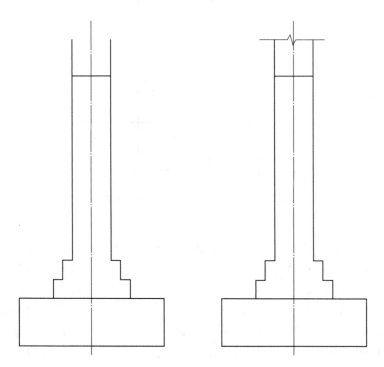

图 12.46 大放脚和基础墙　　　图 12.47 防潮层和基础折断线

12.5.6 标注尺寸和标高

将"尺寸"层置为当前层，按尺寸在指定位置标注尺寸和标高，如图 12.48 所示。

（1）按 DIM10 尺寸样式进行标注。

（2）标高符号可调用"底层平面图"中创建的"GB"图块，可到 AutoCAD 2020 设计中心去复制。

12.5.7 图案填充、书写图名和比例

将"图例"层置为当前层，大放脚和基础墙选择 ANSI31 图案样例，比例为 20；垫层选择 AR‐CONC 样例，比例为 1。

将"文字"层置为当前层，书写图名和比例，完成全图，如图 12.49 所示。

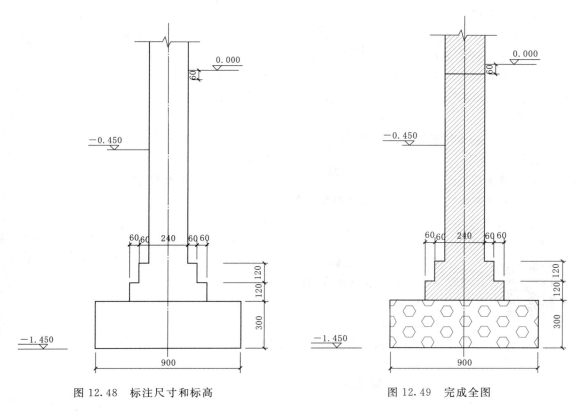

图 12.48　标注尺寸和标高　　　　　　　　图 12.49　完成全图

选择 A3 图纸，画上图框和标题栏，本张图纸的图名为"基础详图"，完成全图后，存盘退出。

练 习 题

一、判断题

1. 连续标注是在线性标注基础上进行的，把第一个线性标注的第二尺寸界线默认为下一个标注的第一尺寸界线，而后顺着第一个线性标注方向串联标注。（　　）

2. 可以通过修剪指令的多段执行，将一条直线完全删除。（　　）

3. 打印 CAD 图纸时，选择"图形界限"选择按钮，则输出图形极限范围内的全部图形。（　　）

4. 如果在已布置了柱的节点上再布置柱，后布置的柱将覆盖掉已有的柱。（　　）

5. 对圆进行打断操作时，软件会沿着顺时针方向将圆上从第一断点到第二断点之间的那段圆弧删掉。（　　）

6. 默认图层为 0 图层，它是可以被重命名的。（　　）

7. 定位轴线的编号标注在轴线端部，用细实线绘制的直径为 18mm 圆圈内。（　　）

8. CAD 绘图，在标准层平面图已经完成的基础上，可以采用整体复制局部修改的方法，快速完成与标准层平面图比较相似的底层平面图。（　　）

二、选择题

1. 即将标注的线性尺寸的尺寸线，为已有尺寸标注的尺寸线延伸方向，通常采用（　　）指令进行新的尺寸标注。

A. 线性标注　　　　B. 对齐标注　　　　C. 连续标注　　　　D. 基线标注

2. 在 CAD 中，以下（　　）命令可用来绘制横平竖直的直线。

A. 正交　　　　　　B. 捕捉　　　　　　C. 栅格　　　　　　D. 捕捉栅格

3. 在正常输入汉字时却显示"?"，原因是（　　）。

A. 输入错误　　　　　　　　B. 字高太高

C. 堆叠字符　　　　　　　　D. 因为文字样式没有设定好

4. 建筑制图线性尺寸标注的尺寸箭头类型是（　　）。

A. 实心闭合　　　　　　　　B. 倾斜

C. 建筑标志　　　　　　　　D. 空心闭合

资源 12.6
练习题答案

5. 把尺寸标注对象如尺寸线、尺寸界线、箭头和文字作为单一的对象，必须将（　　）尺寸标注变量设置为 ON。

A. DIMASE　　　　　　B. DIMASO

C. DIMEXO　　　　　　D. DIMON

6. 立面图最科学的图名命名规则是（　　）。

A. 东南西北　　　　　　B. 正背侧

C. 两端轴线编号　　　　D. 自定义

第 13 章 图形的输出与打印

图形绘制完成以后，可以将图形文件输出为其他格式的文件，以供其他软件调用。同样也可将图形文件打印，输出为图纸。图形需要使用打印设备打印出来，打印设备包括绘图仪和打印机。AutoCAD 2020 可以与不同品牌、不同型号的常见绘图仪和打印机进行连接，绘制出高质量的图纸。只要注意打印图纸和图形比例之间的关系以及相关设置，打印出的图纸就能完全、真实地反映图形的内容。打印图纸前需要做一系列的准备工作，包括设置布局、创建图纸集、最终的打印设置等。

13.1 模 型 与 布 局

图形输出可以在模型空间进行，也可以在布局（图纸空间）中进行。AutoCAD 2020 中模型空间和布局空间这两个不同的工作环境，分别用"模型"和"布局"两个图形按钮进行切换，按钮位于绘图区域底部位置，如图 13.1 所示。

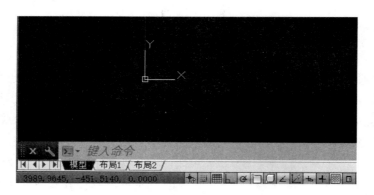

图 13.1　模型与布局

13.1.1　模型

模型空间用于绘制二维或三维图形。画图时不必考虑图形比例和图纸大小，通常直接按照 1∶1 的比例绘制图形，并用适当的比例创建文字、标注和其他注释，以便在打印图形时正确显示其大小。

如果从模型空间中绘制和打印图形，必须在打印前为注释对象应用一个比例因子。在模型空间中进行绘制之前，需要首先确定要使用的测量单位（图形单位）。确定屏幕上每种单位所表示的实际测量单位，如英尺、毫米、千米或其他测量单位。例如，要绘制发动机零件，可将一个图形单位确定为 1mm；绘制地图时将一个单位设置为 1km。确定图形单位以后，还需要指定图形单位的显示形式，以显示图形单位，包括单位类型和精度。

选择下拉菜单"格式"→"单位"命令，打开"图形单位"对话框，如图 13.2 所示。在对话框中设置图形的单位值，同时会在底部"输出样例"区中显示当前设置的样例。

13.1.2　布局

"布局"也称图纸空间，是图纸的工作环境，主要用于排版图形。它是一个二维空间，可以在这里指定图纸大小、添加标题栏、显示模型的多个视图及创建图形标注和注释。

通常在模型空间中绘制图形，然后在"布局"中进行打印准备。图形窗口底部都会有一个"模型"按钮和一个或多个"布局"按钮，默认情况下是两个布局按钮。若使用图形样板或打开现有图形，图形中的"布局"按钮可能以不同的名称命名。但要注意，一个图形文件可以包含多个布局名称，但只有一个默认的建模选项，而且它不能被重新命名。

图形无论是从模型空间输出，还是从布局（图纸空间）输出，都要通过"打印"对话框来操作。

图 13.2　"图形单位"对话框

13.2　准备要打印和输出的图形

可以使用"页面设置管理器"对话框，将页面设置应用到多个布局，也可以从其他图形中输入页面设置，并将其应用到当前图形的布局中。在"模型"中绘制完图形后，通过单击"布局"按钮创建要打印的布局。首次单击"布局"时，页面上会显示单一视口，虚线表示图纸中当前配置的图纸尺寸和绘图仪的可打印区域。

图 13.3　"页面设置管理器"对话框

选择下拉菜单"文件"→"页面设置管理器"命令，打开"页面设置管理器"对话框，如图 13.3 所示。默认情况下，每个初始化的布局都有一个与其相关联的页面设置。单击"修改"按钮，打开"页面设置—模型"对话框，如图 13.4 所示。

用户也可以创建新的页面设置，在"页面设置管理器"对话框中单击"新建"按钮，打开"新建页面设置"对话框，如图 13.5 所示。在其中输入新的页面设置名称，并在"基础样式"列表框中选择基础样式。

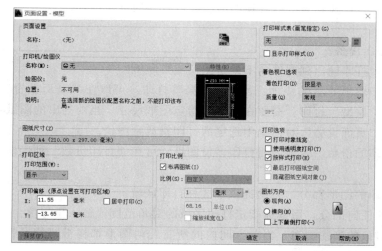

图 13.4 "页面设置-模型"对话框   图 13.5 "新建页面设置"对话框

13.3 打 印 图 形

图形打印是在"打印"对话框中进行的,可以根据对话框的提示一步一步进行操作。通过以下三种方式输入命令:

(1) 下拉菜单"文件"→"打印"。

(2) 单击标准工具栏按钮。

(3) 命令行输入:PLOT。

输入 PLOT 命令后,弹出"打印"对话框,如图 13.6 所示。

"打印"对话框有 7 个区,各区含义如下:

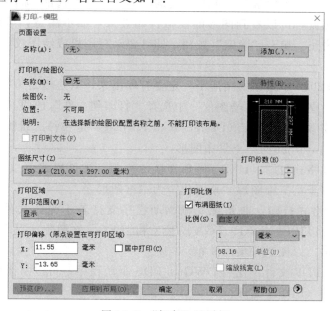

图 13.6 "打印"对话框

（1）页面设置。在"名称"下拉式列表框内选择前面已经设置好的页面设置。

（2）打印机/绘图仪。

1）名称：选择要打印的输出设备。

2）"打印到文件"复选框：打印输出到文件而不是绘图仪或打印机。

（3）图纸尺寸。选择要打印输出的图纸尺寸。若从"布局"打印，可以在"页面设置"对话框中指定图纸尺寸；若从"模型"打印，需要在打印时指定图纸尺寸。当前列出的图纸尺寸取决于用户在"打印"或"页面设置"对话框中选定的打印机或绘图仪。

（4）打印份数。指定要打印的份数。若要同时打印多份图纸，可在"打印份数"列表框中输入数值。

（5）打印区域。指定要打印的图形部分。系统提供了 3 种打印区域。

1）窗口：打印指定图形的任何部分，用鼠标指定打印区域的对角范围或输入坐标值。

2）范围：打印包含图形对象的当前空间，当前空间内的所有几何图形都将被打印。打印之前，可能会重新生成图形以计算范围

3）图形界限：打印"布局"时，将打印指定图纸尺寸可打印区域的所有内容，其原点从布局中的（0，0）点计算得出。打印"模型"内容时，将打印栅格界限所定义的整个绘图区域。若当前视口不显示平面视图，该选项与"范围"选项效果相同。

4）显示：打印"模型"中当前视口中的视图或"布局"中的当前图纸空间视图。

（6）打印比例。

1）比例：定义打印的精确比例，将图形调整到所需要的尺寸，如将第 10 章所画的"底层平面图"选择为 1∶100。

2）"布满图纸"复选框：图形布满图纸，系统自动将图形的高度与宽度调整到与图纸大小相对应的尺寸，此时比例随着图纸的大小而变化，不再是固定值。打印模型空间的透视视图时，无论是否输入了比例，视图都将按图纸尺寸缩放。

（7）打印偏移。设置图形偏移图纸左下角的偏移量，通常选择"居中打印"复选框。

单击"预览"按钮，可以看到图形的模拟打印效果，如不满意，可重新设置，然后再"预览"，直到满意为止。单击"确定"按钮，即可驱动打印机或绘图仪将所指定的图形输出打印到图纸上。

有时 AutoCAD 2020 中绘制的图形不一定要打印出来，只是输出为指定格式的文件，供其他应用程序调用。在"打印机/绘图仪"中选择"打印到文件"选项，主要包括以下内容：

1）打印为 DWF 文件：DWF（Design Web Format）是一种二维矢量文件，使用这种格式可以在 Web 或 Internet 网络上发布图形。

2）以 DXB 文件格式打印：DXB（图形交换二进制）文件格式可以使用 DXB 非系统文件驱动程序，通常用于将三维图形"平面化"为二维图形。

3）以光栅文件格式打印：非系统光栅驱动程序支持若干光栅文件格式，包括 Wingdows BMP、CALS、TIPF、PNG、TGA、PCX 和 JPEG。光栅驱动程序最常用于以"打印到文件"的方式输出，以便进行桌面发布。

4）打印 Adobe PDF 文件：使用 DWG to PDF 驱动程序，可以从图形中创建 Adobe 公司的可移植文档格式（PDF）文件。

5）打印 Adobe Postscript 文件：使用 Adobe Postscript 驱动程序，可以将 DWG 与许多

页面布局程序和存档工具（如 Adobe Acrobat 可移植文档格式）一起使用。

6）创建打印文件：可以使用任何绘图仪配置创建打印文件，并且该打印文件可以使用后台打印软件进行打印，也可以送到专门的打印公司进行打印。

练 习 题

一、填空题

1. AutoCAD 窗口中提供了两个并行的工作环境，即（　　）和（　　）。

2. 使用（　　）命令，可以将 AutoCAD 图形对象保存为其他需要的文件格式以供其他软件调用。

3. 使用（　　）命令，可以将各种格式的文件输入到当前图形中。

二、选择题

1. 下列选项不属于图纸方向设置的内容的是（　　）。

A. 纵向　　　　　　　B. 反向　　　　　　　C. 横向　　　　　　　D. 逆向

2. 在"打印-模型"对话框的（　　）选项组中，用户可以选择打印设备。

A. 打印区域　　　　　B. 图纸尺寸　　　　　C. 打印比例　　　　　D. 打印机/绘图仪

3. 执行以下（　　）命令时，在图纸上以打印的方式显示图形。

A. Preview　　　　　　B. Erase　　　　　　　C. Zoom　　　　　　　D. Pan

4. 根据图形打印的设置，下列选项不正确的是（　　）。

A. 可以打印图形的一部分

B. 可以根据不同的要求用不同的比例打印图形

C. 可以先输出一个打印文件，把文件放到其他计算机上打印

D. 打印时不可以设置纸张的方向

资源 13.1
练习题答案

第 14 章　综合案例：三居室设计方案

14.1　三居室设计技巧

大户型设计在强调整体风格的同时，需要注重每个单一装饰点的细节设计。通常这类户型的视点较杂，每块装饰细节都要适应从不同角度观察，既要远观有型，又要近看细部，只有做好每一个设计细节，才能使整个作品更为饱满、合理。

1. 空间处理需协调

大户型的空间处理是否协调得当是装修的关键，其重点是对功能与风格的把握。由于这种户型空间大，除了实现居住功能的设计外，更多的是对空间的规划与协调。空间设计是骨架，如果没有空间设计，其他设计则是一盘散沙。

在色彩上，不同的色调可以弥补各空间布局的不足；在结构上，可以通过对屋梁、地台、吊顶的改造，对室内空间做出一些区分；家具可以尽量用大结构家具，避免室内的零碎。

2. 设计风格需统一

大户型由于空间面积大、房间多，在设计时应区别于普通住宅的装修概念。一个统一的设计风格会让大户型看起来更加完美和谐。目前比较流行的大户型设计风格主要有简洁感性的现代简约风格、休闲浪漫的美式风格、清爽自然的田园风格、沉稳理性的新中式风格以及雍容华贵的欧式风格。

14.2　绘制三居室平面图

在室内设计制图中，平面图包括平面布置图、地面材质图、顶棚布置图、上面布置图、电路布置图以及插座布置图等。图 14.1 所示为平面布置图，图 14.2 为地面材质图。

14.2.1　三居室平面布置图

三居室平面布置图的绘制步骤如下：

步骤 1　启动 AutoCAD 2020 软件，先将文件保存为"三居室设计方案"文件，然后执行"默认"→"图层"→"图层特性"命令，在打开的对话框中单击"新建图层"按钮，新建"轴线"图层，并设置其颜色为红色，线型为虚线，如图 14.3 所示。

步骤 2　继续单击"新建图层"按钮，依次创建出"墙体""门窗""标注"等图层，并设置图层参数，如图 14.4 所示。

步骤 3　双击"轴线"图层，将其设置为当前图层。执行"直线"和"偏移"命令，绘制出三居室平面图轴线，如图 14.5 所示。

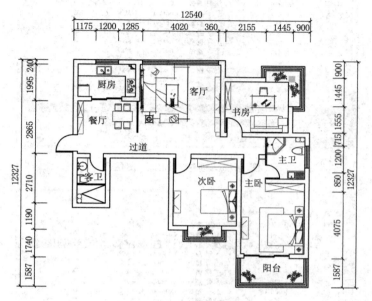

图 14.1 平面布置图

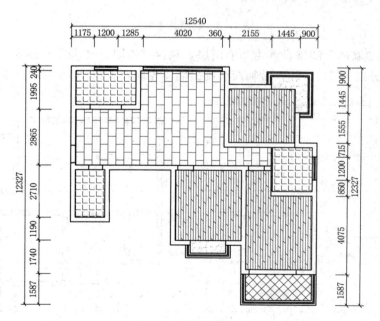

图 14.2 地面材质图

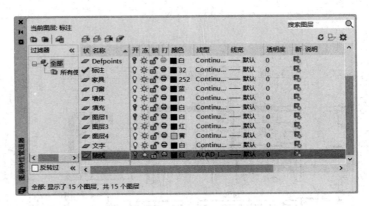

图 14.3　创建"轴线"图层

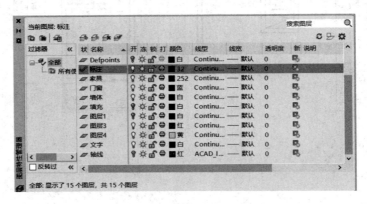

图 14.4　创建其余图层

步骤 4　将"墙体"图层设置为当前图层，执行"绘图"→"多线"命令，设置对正方式为"无"，比例分别为 240、80，沿轴线绘制出墙体轮廓，如图 14.6 所示。

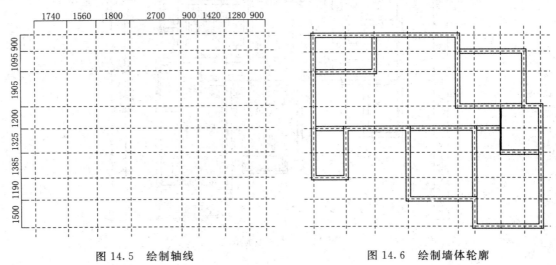

图 14.5　绘制轴线　　　　　　　　　　图 14.6　绘制墙体轮廓

步骤 5　关闭"轴线"图层，然后执行"分解""修剪"和"倒角"命令，将多线分解后，对其进行整理，效果如图 14.7 所示。

步骤 6　执行"直线"和"偏移"命令，绘制多条辅助线，预留出门洞和窗洞，如图 14.8 所示。

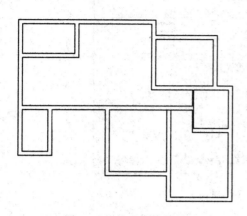

图 14.7　整理多线效果　　　　　　　　　　图 14.8　绘制辅助线

步骤 7　执行"修剪"命令，对图形进行修剪，绘制门洞和窗洞，如图 14.9 所示。

步骤 8　执行"格式"→"多线样式"命令，打开"多线样式"话框，单击"新建"按钮，打开相应对话框，输入新样式名称，单击"继续"按钮，如图 14.10 所示。

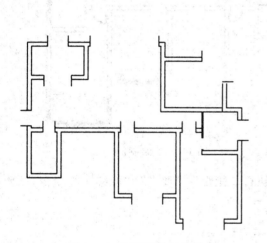

图 14.9　绘制门洞和窗洞

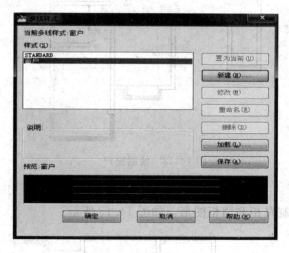

图 14.10　设置新样式名称

步骤 9　打开"新建多线样式"对话框，设置多线的属性，单击"确定"按钮返回上一对话框，依次单击"置为当前"和"关闭"按钮，完成创建，如图 14.11 所示。

步骤 10　将"门窗"图层设置为当前图层，执行"绘制"→"多线"命令，设置比例为 1，"对正"方式分别为"无"和"上"，在图形的合适位置添加窗户，如图 14.12 所示。

步骤 11　执行"矩形""圆""复制""旋转"等命令，绘制出门并将其放置在图形的合适位置，如图 14.13 所示。

步骤 12　将"墙体"图层设置为当前图层，执行"直线""圆""矩形"等命令，在图形的合适位置绘制柱子、下水管及排烟管图形，如图 14.14 所示。

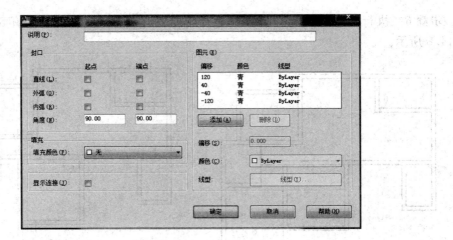

图 14.11　设置多线属性

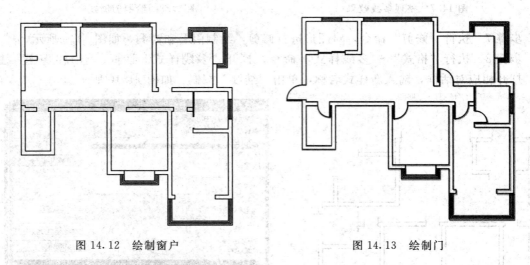

图 14.12　绘制窗户

图 14.13　绘制门

步骤 13　将"家具"图层设置为当前图层，执行"矩形""直线""偏移"等命令，绘制鞋柜和酒柜图形，如图 14.15 所示。

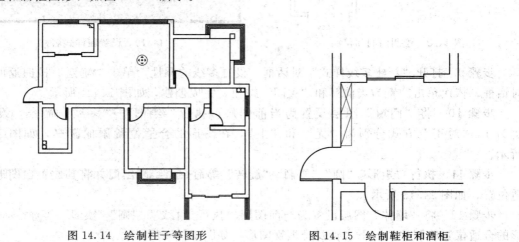

图 14.14　绘制柱子等图形

图 14.15　绘制鞋柜和酒柜

步骤14 执行"矩形""直线""偏移"等命令，绘制橱柜台面、电视柜、衣柜、隔断等图形，如图14.16所示。

步骤15 执行"插入"命令，打开相应对话框。单击"浏览"按钮，选择"组合沙发"文件，如图14.17所示。

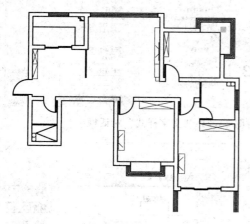

图14.16 绘制其余图形

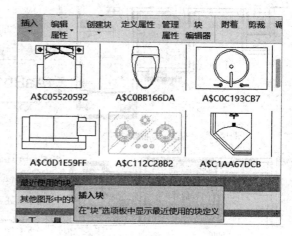

图14.17 "插入"对话框

步骤16 单击"确定"按钮，将"组合沙发"图块插入到图形中的合适位置，如图14.18所示。

步骤17 执行"插入"命令，将"电视机""空调"和"餐桌"图块插入到图形的合适位置，如图14.19所示。

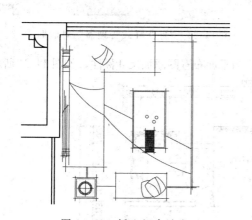

图14.18 插入组合沙发

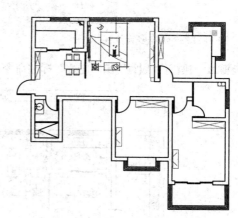

图14.19 插入图块

步骤18 执行"插入"命令，将其他图块插入到图形合适位置，如图14.20所示。

步骤19 执行"格式"→"文字样式"命令，新建"文字说明"样式，并设置其字体为"宋体"，高度为250，如图14.21所示。

步骤20 将"标注"图层设置为当前图层。执行"多行文字"命令，为平面图添加文字注释，如图14.22所示。

步骤21 执行"格式"→"标注样式"命令，新建"平面标注"样式，设置其样式参数，并将其设置为当前标注样式，如图14.23所示。

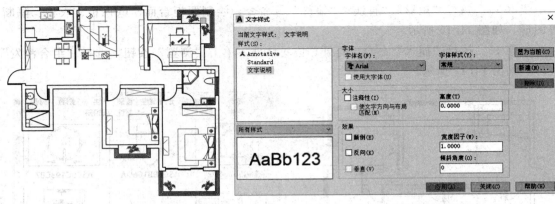

图 14.20　插入其他图块　　　　　　　　　图 14.21　"文字样式"对话框

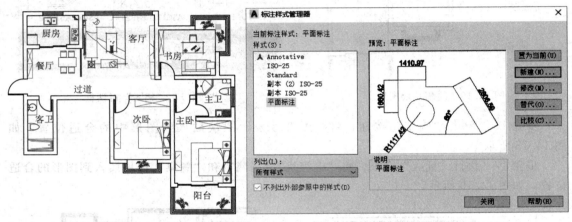

图 14.22　创建多行文字　　　　　　　　　图 14.23　"标注样式管理器"对话框

步骤 22　执行"线性"和"连续"标注命令，为平面布置图添加尺寸标注，如图 14.24 所示。

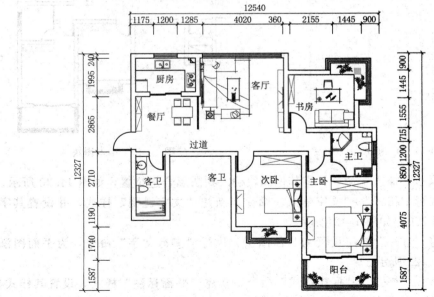

图 14.24　三居室平面布置图

14.2.2　三居室地面材质图

三居室地面材质图的绘制步骤如下：

步骤1　执行"复制"命令，复制平面布置图，删除其内部家具、门及文字，如图 14.25 所示。

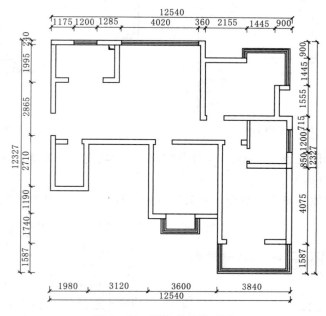

图 14.25　删除家具等元素

步骤2　执行"图层特性"命令，新建"地面填充"图层，设置图层参数，并将其设置为当前图层，如图 14.26 所示。

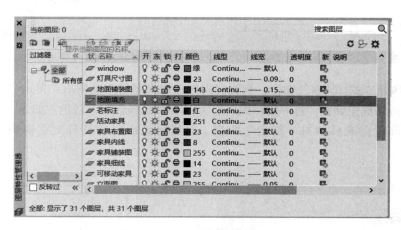

图 14.26　新建"地面填充"图层

步骤3　执行"直线"命令，将图形中的所有门洞封闭，效果如图 14.27 所示。

步骤4　执行"图案填充"命令，对主卧室地面进行填充，图案为 DOLMIT，图案填充角度为 90，填充图案比例为 25，如图 14.28 所示。

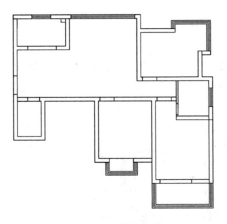

图 14.27　封闭门洞

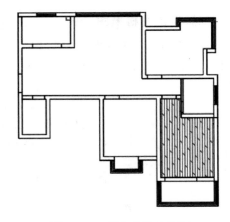

图 14.28　填充主卧室地面

步骤 5　执行"图案填充"命令，对厨房地面进行填充，图案为 ANGLE，填充图案比例为 50，如图 14.29 所示。

步骤 6　执行"图案填充"命令，对其他区域进行填充，效果如图 14.30 所示。

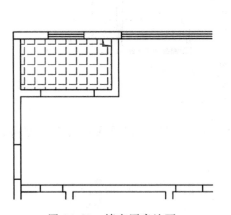

图 14.29　填充厨房地面

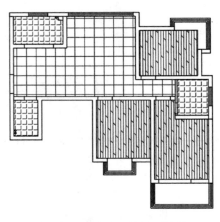

图 14.30　其他区域填充效果

步骤 7　执行"多行文字"命令，在厨房内框选出文字输入范围后，单击"背景遮罩"按钮，在打开的对话框中设置"边界偏移因子"为 1，"填充颜色"为白色，如图 14.31 所示。

步骤 8　设置完成后单击"确定"按钮，对厨房地面材质进行文字说明，如图 14.32 所示。

图 14.31　设置背景遮罩

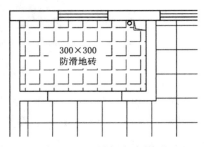

图 14.32　添加文字说明

步骤 9 执行"复制"命令，将文字注释复制到书房合适的位置。双击文字，对文字内容进行修改，效果如图 14.33 所示。

步骤 10 执行"复制"命令，对其余地面材质进行文字说明，最终效果如图 14.34 所示。

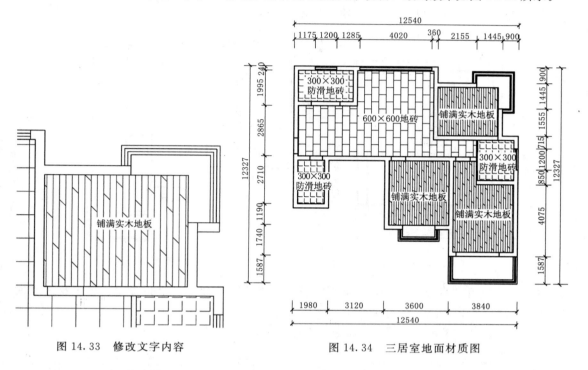

图 14.33 修改文字内容

图 14.34 三居室地面材质图

14.2.3 三居室顶棚布置图

三居室顶棚布置图的绘制步骤如下：

步骤 1 执行"复制"命令，复制地面材质图，删除图案填充与文字部分，然后执行"直线"命令，将图形绘制完整，如图 14.35 所示。

步骤 2 执行"图层特性"命令，新建"顶面造型"和"引线标注"图层，设置图层参数，并将"顶面造型"图层设置为当前图层，如图 14.36 所示。

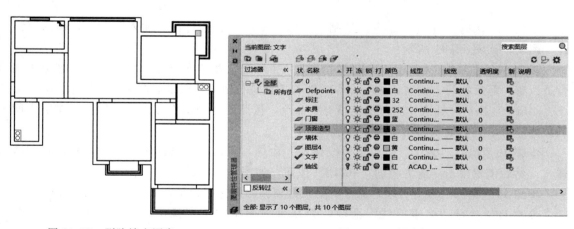

图 14.35 删除填充图案

图 14.36 创建新图层

步骤3 执行"矩形"和"偏移"命令，绘制次卧顶棚石膏线，矩形依次向内偏移50mm、30mm（图14.37），然后执行"插入"命令，插入"吊灯"图块。

步骤4 执行"矩形"和"偏移"命令，按照同样的操作方法，绘制主卧室与书房的顶棚，并插入"筒灯"和"吸顶灯"图块，如图14.38所示。

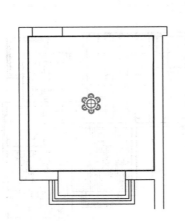

图 14.37 绘制次卧顶棚

图 14.38 绘制主卧室与书房顶棚

步骤5 执行"直线""矩形""圆""偏移""修剪"等命令，绘制餐厅、客厅及过道顶棚造型，如图14.39所示。

步骤6 执行"矩形"和"圆"命令，在餐厅合适位置绘制灯具图形，如图14.40所示。

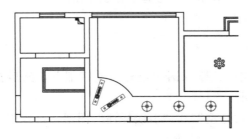

图 14.39 绘制顶棚造型

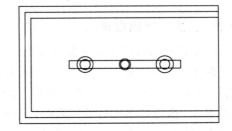

图 14.40 绘制餐厅灯具

步骤7 执行"复制"命令，复制"筒灯"图块，然后执行"插入"命令，插入"吊灯"图块，如图14.41所示。

步骤8 执行"插入"命令，将"浴霸""排风扇"及"吸顶灯"图块插入到客卫生间合适位置，然后执行"图案填充"命令，对其顶面进行填充，效果如图14.42所示。

步骤9 执行"插入"和"图案填充"命令，按照同样的操作方法，对厨房与主卫生间的顶棚进行填充，效果如图14.43所示。

步骤10 执行"格式"→"多重引线样式"命令，新建"平面标注"样式，并设置引线样式，然后依次单击"置为当前""关闭"按钮，如图14.44所示。

步骤11 执行"多重引线"命令，为次卧顶棚添加文字说明，效果如图14.45所示。

步骤12 执行"多重引线"命令，为其余顶棚添加文字说明，最终效果如图14.46所示。

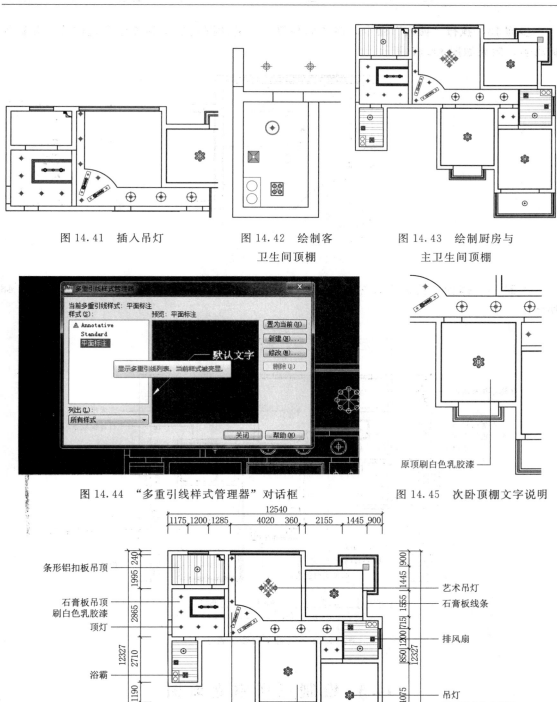

图 14.41 插入吊灯　　　　　图 14.42 绘制客　　　　图 14.43 绘制厨房与
　　　　　　　　　　　　　　　卫生间顶棚　　　　　　　主卫生间顶棚

图 14.44 "多重引线样式管理器"对话框　　　图 14.45 次卧顶棚文字说明

图 14.46 文字说明效果

步骤 13　执行"插入"命令，将"标高符号"属性图块插入到餐厅合适位置，并输入标高值，效果如图 14.47 所示。

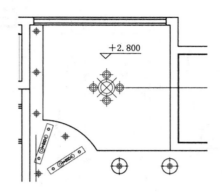

图 14.47　插入标高符号

步骤 14　执行"复制"命令，复制标高符号并修改其标高值，最终效果如图 14.48 所示。

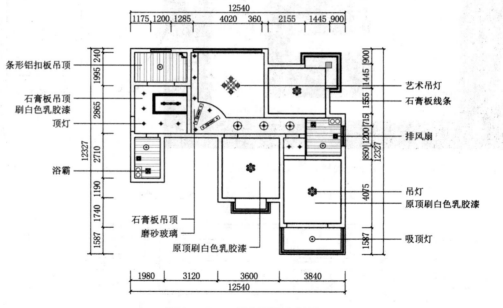

图 14.48　三居室顶棚布置图

14.3　绘制三居室立面图

根据三居室平面布置图绘制三居室立面图，包括客厅 B 立面图、客厅 D 立面图和主卧室 B 立面图。

14.3.1　客厅 B 立面图

客厅 B 立面图的绘制步骤如下：

步骤1 执行"图层特性"命令，新建"立面造型"图层，设置图层的参数，并将其设置为当前层，如图14.49所示。

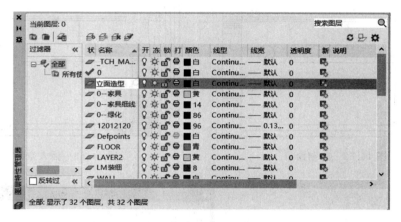

图14.49 创建"立面造型"图层

步骤2 执行"直线""偏移""修剪"等命令，根据平面尺寸绘制立面区域，如图14.50所示。

步骤3 执行"偏移""修剪"和"圆"命令，绘制电视背景墙造型、电视柜及灯带线，如图14.51所示。

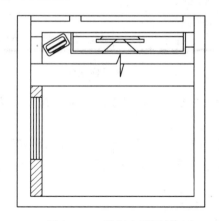

图14.50 绘制立面区域

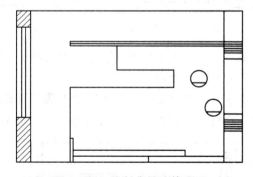

图14.51 绘制背景墙等造型

步骤4 执行"圆"命令，绘制半径分别为58mm、31mm的两个同心圆，然后执行"绘图"→"样条曲线"→"控制点"命令，绘制样条曲线，即可完成窗帘的绘制，如图14.52所示。

步骤5 执行"插入"命令，插入"空调"图块，然后执行"分解"和"修剪"命令，对其进行修整，如图14.53所示。

步骤6 执行"插入"命令，将其他图块插入到图形合适位置，然后执行"图案填充"命令，对背景墙进行填充，效果如图14.54所示。

步骤7 执行"格式"→"标注样式"命令，新建"立面标注"样式，设置样式参数，并将其置为当前，如图14.55所示。

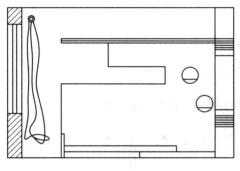

图 14.52　绘制窗帘

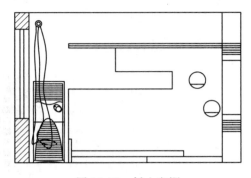

图 14.53　插入空调

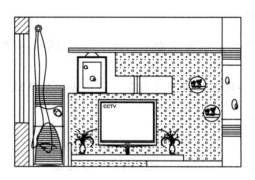

图 14.54　填充效果

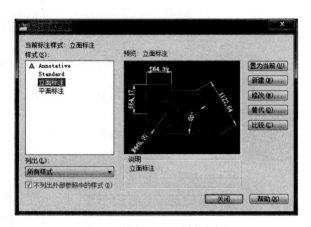

图 14.55　新建标注样式

步骤 8　将"标注"图层设置为当前图层，执行"线性"和"连续"标注命令，为立面图添加尺寸标注，如图 14.56 所示。

步骤 9　将"引线标注"图层设置为当前图层，执行"格式"→"多重引线样式"命令，新建"立面标注"样式，设置样式参数，并将其置为当前，如图 14.57 所示。

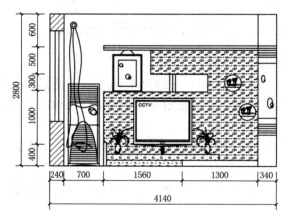

图 14.56　添加尺寸标注

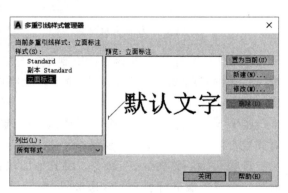

图 14.57　新建多重引线样式

步骤 10 执行"多重引线"命令,为立面图添加文字标注,最终效果如图 14.58 所示。

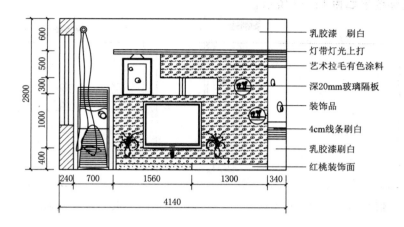

图 14.58 客厅 B 立面图

14.3.2 客厅 D 立面图

客厅 D 立面图的绘制步骤如下:

步骤 1 将"立面造型"图层设置为当前层。执行"直线""偏移""修剪"等命令,根据平面尺寸绘制立面区域,如图 14.59 所示。

步骤 2 执行"偏移"和"图案填充"命令,绘制窗户剖面,如图 14.60 所示。

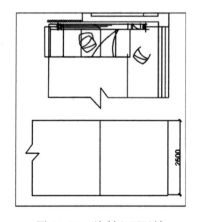

图 14.59 绘制立面区域

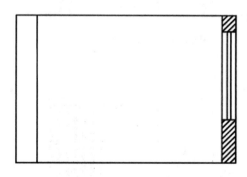

图 14.60 绘制窗户剖面

步骤 3 执行"复制"命令,复制客厅 B 立面图中的窗帘图形,然后执行"镜像"命令,对其进行镜像,如图 14.61 所示。

步骤 4 执行"直线""圆"和"偏移"命令,绘制玻化砖,如图 14.62 所示。

步骤 5 执行"插入"命令,将"沙发"图块插入到图形的合适位置,如图 14.63 所示。

步骤 6 执行"圆""矩形阵列"和"复制"命令,绘制珠帘隔断,如图 14.64 所示。

步骤 7 将"标注"图层设置为当前图层,执行"线性"和"连续"标注命令,为立面图添加尺寸标注,如图 14.65 所示。

步骤 8 将"引线标注"图层设置为当前图层，执行"多重引线"命令，为立面图添加文字标注，最终效果如图 14.66 所示。

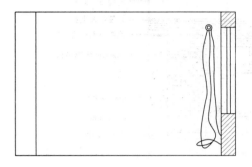

图 14.61 复制、镜像窗帘

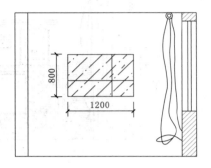

图 14.62 绘制玻化砖

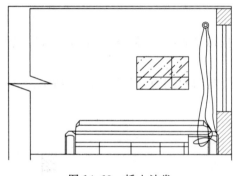

图 14.63 插入沙发

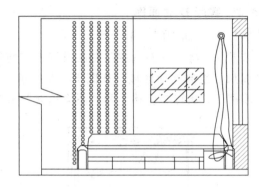

图 14.64 绘制珠帘隔断

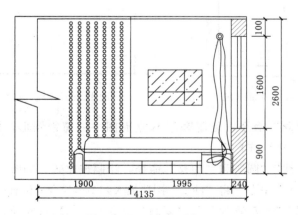

图 14.65 添加尺寸标注

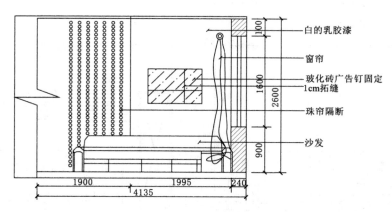

图 14.66　客厅 D 立面图

14.3.3　主卧室 B 立面图

主卧室 B 立面图的绘制步骤如下：

步骤 1　将"立面造型"图层设置为当前图层。执行"直线""偏移""修剪"等命令，根据平面尺寸绘制立面区域，如图 14.67 所示。

步骤 2　执行"矩形""直线"和"偏移"命令，绘制衣柜侧面，如图 14.68 所示。

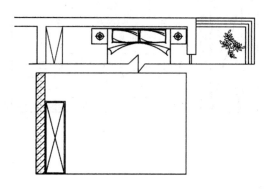

图 14.67　绘制立面区域

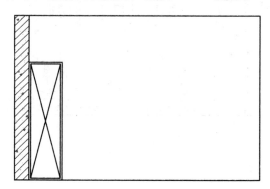

图 14.68　绘制衣柜侧面

步骤 3　执行"插入"命令，将"双人床"图块插入到图形合适位置，如图 14.69 所示

步骤 4　执行"插入"命令，插入"装饰画"图块，并对其进行复制，如图 14.70 所示。

步骤 5　执行"偏移"命令，将地平线向上偏移 80mm，并对其进修剪，绘制出踢脚线，如图 14.71 所示。

步骤 6　执行"图案填充"命令，选择合适的图案对墙面进行填充，如图 14.72 所示。

步骤 7　将"标注"图层设置为当前图层，执行"线性"和"连续"标注命令，为立面图添加尺寸标注，如图 14.73 所示。

步骤 8　将"引线标注"图层设置为当前图层，执行"多重引线"命令，为立面图添加文字标注，最终效果如图 14.74 所示。

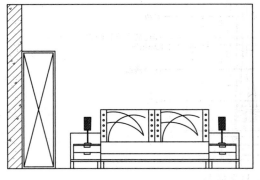

如图 14.69 插入双人床

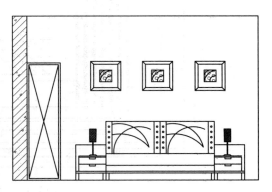

图 14.70 插入装饰图

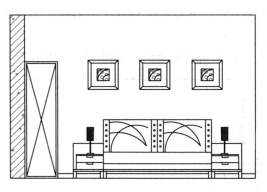

图 14.71 绘制踢脚线

图 14.72 填充墙面

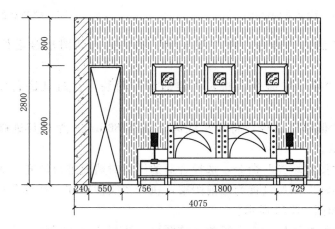

图 14.73 添加尺寸标注

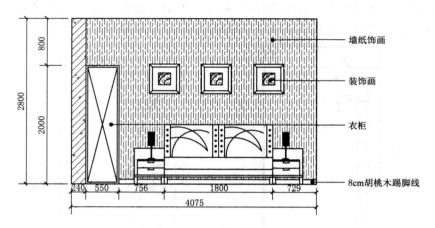

图 14.74　主卧室 B 立面图

14.4　绘制三居室主要剖面图

剖面图可以详细地描述墙体或家具的内部构造。下面介绍三居室剖面图的具体绘制步骤，包括电视背景墙剖面图和过道装饰墙剖面图。

14.4.1　电视背景墙剖面图

电视背景墙剖面图的绘制步骤如下：

步骤 1　执行"复制"命令，复制客厅 B 立面图，然后执行"多段线"和"多行文字"命令，绘制剖面符号，如图 14.75 所示。

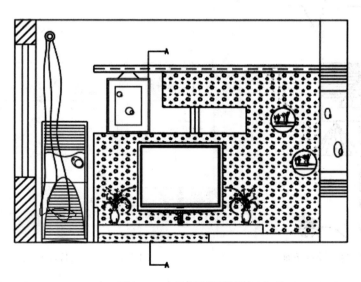

图 14.75　绘制剖面符号

步骤 2　执行"直线""偏移""修剪"等命令，根据立面尺寸，绘制背景墙剖面轮廓，如图 14.76 所示。

步骤 3 执行"偏执"和"图案填充"命令，绘制细部并对图形进行填充，然后执行"插入"命令，插入"射灯"和"装饰品"图块，如图 14.77 所示。

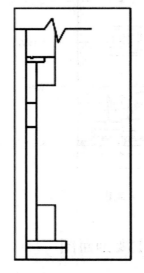
图 14.76 绘制背景墙剖面轮廓

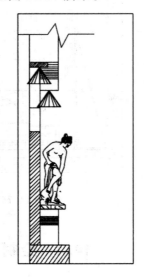
图 14.77 插入图块

步骤 4 执行"矩形"命令，绘制装饰画侧面，矩形尺寸为 40mm×637mm，然后执行"旋转"命令，将其旋转 10°，并对图形进行修剪，如图 14.78 所示。

步骤 5 执行"格式"→"标注样式"命令，新建"剖面标注"样式，设置样式参数，并将其置为当前，如图 14.79 所示。

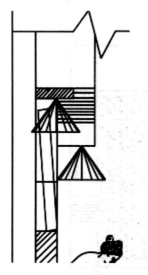
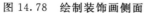
图 14.78 绘制装饰画侧面

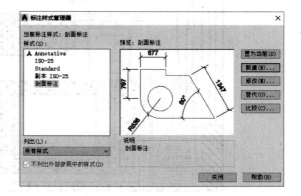
图 14.79 新建标注样式

步骤 6 将"标注"图层设置为当前图层，执行"线性"和"连续"标注命令，为剖面图添加尺寸标注，如图 14.80 所示。

步骤 7 将"引线标注"图层设置为当前图层，执行"格式"→"多重引线样式"命令，新建"立面标注"样式，设置样式参数，并将其置为当前，如图 14.81 所示。

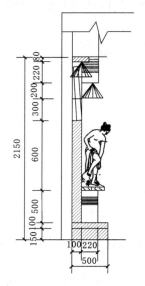

图 14.80 添加尺寸标注

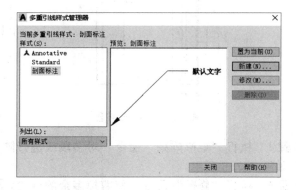

图 14.81 新建多重引线样式

步骤 8 执行"多重引线"命令，为立面图添加文字标注，如图 14.82 所示。

电视背景墙设计要符合以下原则：①简洁，太复杂的设计容易让客厅显得狭小；②与居室整体风格相一致，材质不要太另类、色彩不要太夺目；③可以考虑一些有吸音效果的材料，可以起到一定的降噪效果。

14.4.2 过道装饰墙剖面图

过道装饰墙剖面墙的绘制步骤如下：

步骤 1 执行"多线段"和"多行文字"命令，在过道 B 立面图的合适位置绘制剖面符号，如图 14.83 所示。

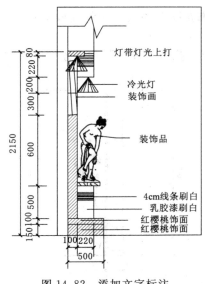

图 14.82 添加文字标注

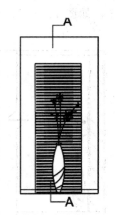

图 14.83 绘制剖面符号

步骤 2　执行"直线""多段线""矩形"等命令，根据立面尺寸，绘制剖面轮廓，并对其填充合适图案，如图 14.84 所示。

步骤 3　执行"多段线"命令，绘制一条多段线，尺寸如图 14.85 所示。

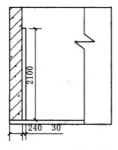

图 14.84　填充图案

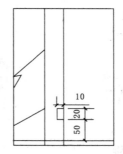

图 14.85　绘制多段线

步骤 4　执行"矩形阵列"命令，对多段线进行阵列，阵列列数为 1，行数为 29，行间距 70，如图 14.86 所示。

步骤 5　执行"修剪"命令，修剪掉多余的线段，然后执行"矩形"命令，绘制尺寸为 10mm×80mm 的矩形作为踢脚线，如图 14.87 所示。

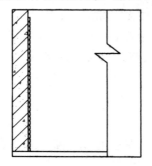

图 14.86　阵列多段线

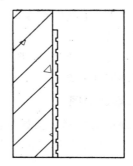

图 14.87　绘制踢脚线

步骤 6　执行"插入"命令，插入"装饰花瓶"图块，并将其放置在图形的合适位置，如图 14.88 所示。

步骤 7　将"标注"图层设置为当前图层，执行"线性"和"连续"标注命令，为立面图添加尺寸标注，如图 14.89 所示。

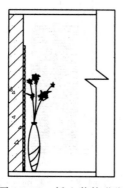

图 14.88　插入装饰花瓶

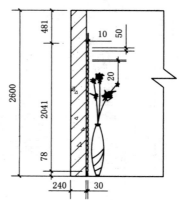

图 14.89　添加尺寸标注

步骤 8 将"引线标注"图层设置为当前图层,执行"多重引线"命令,为剖面图添加文字标注,如图 14.90 所示。

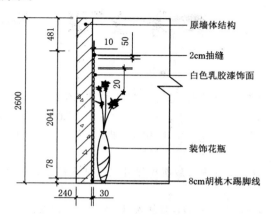

图 14.90 添加文字标注

参 考 文 献

[1] 肖静. AutoCAD 2016 中文版基础教程 ［M］. 北京：清华大学出版社，2015.

[2] 吉国华. CAD 在建筑设计中的应用 ［M］. 3 版. 北京：中国建筑工业出版社，2016.

[3] CAD/CAM/CAE 技术联盟. AutoCAD 2018 中文版机械设计从入门到精通 ［M］. 北京：清华大学出版社，2018.

[4] 龙马高新教育. AutoCAD 2020 中文版机械设计实战从入门到精通 ［M］. 北京：人民邮电出版社，2020.

[5] 天工在线. 中文版 AutoCAD 2020 机械设计从入门到精通（实战案例版）［M］. 北京：中国水利水电出版社，2020.

[6] 王爱兵，胡仁喜. 中文版 AutoCAD 2021 从入门到精通 ［M］. 北京：人民邮电出版社，2020.

[7] 龙马高新教育，施文超. AutoCAD 2021 中文版实战从入门到精通 ［M］. 北京：人民邮电出版社，2021.

[8] CAD/CAM/CAE 技术联盟. AutoCAD 2022 中文版入门与提高：建筑设计 ［M］. 北京：清华大学出版社，2022.